# [基礎から学ぶ]

# 力学

乾 雅祝・畠中憲之・星野公三
共編著

培風館

**執筆者一覧**　（あいうえお順）

**執筆者**

乾　　雅祝　広島大学大学院総合科学研究科
田口　　健　広島大学大学院総合科学研究科
田中　晋平　広島大学大学院総合科学研究科
畠中　憲之　広島大学大学院総合科学研究科
東谷　誠二　広島大学大学院総合科学研究科
星野　公三　広島大学名誉教授

**執筆協力者**

梶原　行夫　広島大学大学院総合科学研究科
杉本　　暁　広島大学大学院総合科学研究科
長谷川　巧　広島大学大学院総合科学研究科

# まえがき

　力学は理工系の学生にとって重要な基盤科目のひとつであり，これまでに多数の教科書が出版されています．一方，時代とともに学習指導要領の改訂が行われ，高等学校での教育内容が変化しています．高等学校におけるゆとり教育を見直すという文部科学省の方針により，平成25年度から新学習指導要領にもとづく教育が行われることになりました．理科と数学に関しては，前倒しで平成24年度から新学習指導要領にもとづく教育が高等学校で先行実施されています．

　このような状況を踏まえて，新学習指導要領により教育を受けた生徒たちにふさわしい，大学1年生向けの力学の教科書を新たに作成することにしました．

　本書の執筆者は，現在大学1年生向けの力学の講義を担当しており，教育現場での経験から，最近の学生に適した新しい標準的教科書の必要性を感じてきました．本書では，高等学校から大学へのスムーズな接続をめざして，以下のような工夫を心掛けています．

(1) 第1章 はじめにおいて，なぜ力学を学ぶ必要があるのか，高校の物理と大学の物理の違いは何なのか，物理と数学はどのような関係があるのか，などについて歴史にも触れながら説明している．

(2) 第2章 運動の記述において，初学者がつまずきやすい数学，すなわち，座標系，ベクトル解析など，についてていねいに説明している．

(3) 第3章 運動の三法則では落下運動について，第4章 振動では種々の振動現象について，これらを記述する微分方程式およびその解法を詳しく説明している．

(4) 第5章 運動量と角運動量では，初学者にとってわかりにくいベクトル積（外積）について，物理的意味がわかりやすく説明してある．

(5) 第6章 仕事とエネルギーでは，仕事，エネルギー，ポテンシャル，エネルギー保存則などの概念の理解に必要になる線積分と微分演算子について，ていねいに説明している．

(6) 第7章 二体の運動は，惑星の運動に関するケプラーの三法則がニュートン力学でいかに説明されるかをていねいに述べている．

(7) 第 8 章 質点系の力学では，大きさのある物体を細かく分割して質点の集まりとして扱うとき，重心や角運動量などがどのように定義されるかを説明している．

(8) 第 9 章 剛体の力学では，剛体の運動を記述する運動方程式や慣性モーメントなどを多くの例を示しながらわかりやすく説明している．

(9) 第 10 章 相対運動では，並進運動と回転運動における相対運動について座標変換を用いて説明している．

(10) 第 11 章 おわりにでは，全体のまとめを行っている．

(11) また，コラム欄では，本文に関連した興味あることがらを紹介している．

(12) 各章の章末問題を解いて理解を深めることができるように，詳しい解答もつけてある．

(13) 高校数学の内容変更に対応して，付録の数学公式には行列計算に関する公式を含めた．また各地の重力加速度の大きさを含む物理定数のデータをまとめてある．

本書は，大学 1 年生が 1 年間で力学を学ぶための教科書として執筆されたものです．本書は，まず各章毎に分担執筆し，その原稿を執筆者全員で時間をかけて議論しながら校閲を行うことにより出来上がりました．また，執筆協力者は出来上がった原稿全体に目を通すとともに，特に，図の修正や章末問題およびその解答のチェックを行いました．本書を教科書として用いて 1 年間勉強した学生諸君が，1 年後に力学の基礎的素養を身につけるとともに，力学のみならず自然科学における問題解決の楽しさを感じてくれることを，執筆者一同は願っています．

最後に，本書の執筆を勧めていただいた培風館 斉藤淳氏にお礼を申し上げます．

2014 年 1 月

執筆者一同

# 目　　次

# 1 はじめに

## 1.1 いまさら力学

本書で学ぶ力学は，物体の運動を扱った学問である．高校で物理を学んだ学生は，すでに力学の内容についてある程度の知識を持っている．いまさらまたかと言いたくなるかもしれない．確かに，力学は古来天体の運行に思いを馳せた民たちにはじまり，コペルニクス，ケプラー，ガリレオなどの学者の英知によってその本質が少しずつ暴かれ，今から 300 年以上も前の 1687 年（日本では徳川綱吉が「生類憐れみの令」を出した年）に，ニュートンが天体の運動を説明するために著した「プリンキピア（自然哲学の数学的原理）」によってその基礎が確立された．そして，その後の多くの学者によって整備され今日のような形にまとめあげられた．したがって，古い学問というイメージはぬぐえない．このため，多くの初学者にとって歴史的価値しかないように思われてもしかたがない．しかし，力学は電磁気学や熱力学とともに古典物理学の理論体系を形成する三本柱の一つで，物理学において中心的役割を担い，科学技術の発展の基盤である．実際，瀬戸大橋やしまなみ海道の橋，大都市の超高層ビル，スペースシャトルや人工衛星など，私たちの身の回りの多くのものが，力学の恩恵をいかに享受しているかを見てとることができる．

一方，力学は，その創生期において人間の内面と深く関わり，人間社会における精神上の成長にも大きな影響をあたえていることを忘れてはいけない．星々が整然と運行するようすは，古代の人々にとって壮観に思えたことであろう．そして，その運行を可能にする絶対的な存在を想像したに違いない．このように，古来より人間は天体の運行を通して神とかかわり，力学は自然認識にかかわる哲学と考えられていた．実際，紀元前ギリシャ哲学が全盛期のころには，力学あるいは物理学は自然哲学の一部として神学や形而上学に付随した形で成長している．この付随関係は，信仰と理性を主題としたスコラ哲学全盛のころ，しばしば悲しい状況を生み出した．歴史的には，絶対者の存在を肯定するためにもてはやされる一方，誤った自然観をもとにした神に対する考えは，人々の生活を規制し真理の追究を阻み，神に対する認識自体をゆがめることになる．大きな転機はコペルニクスの地動説から始まった．地動説は，自然への正しい理解のみならず，それに基づく精神的成長を約束した．このように力学は，自然科学の基礎を築いた学問であることに加えて，人間の内面形成にもかかわった哲学的な面も合わせもつ．力学が教養教育の主要な学問の一つとして取り上げられているのは，単に専門科目の基盤ということだけでなく，その論理や考え方の成り立ちを学ぶことが大変有用であるためである．特に力学で扱われる現象は，日常生活で経験することが中心であるので，初学者が具体的な現象を思い浮かべながら，現象の抽象化や体系化のプロセスを学ぶことができるということは大きな利点である．

## 1.2 大学の力学

ニュートンが言うまでもなく，「りんごが木から落ちる」という現象は小さな子供でも言葉で伝えることができる．自然現象を説明するという意味では，これも立派な表現法の一つである．しかし，より詳細に説明するためには，どうもかゆいところに手が届かない．日常会話で自然現象を表現することは可能であるが，より具体的に表現するためには，目的に合った別の手段を用いる方が良い．そこで登場するのが数学である．寂（わび）や侘（さび）を表現するのに俳句が向いているように，自然現象を表現するには**定量的に表現**できる論理体系である数学が適切な表現方法である．ガリレオは「自然は数学の言葉で書かれた書物である」と言ったそうである．

これから数学の力を借りていろいろな力学現象に取り組むことになるが，高校物理の力学と大学の力学の違いについて概略を述べる．高校物理では，学習指導要領により微分・積分を用いてはいけないことになっている．このため，ある限られた条件下での物体の運動を表す公式を用いて，位置や速度などの計算が行われる．しかし，微分・積分の概念は，そもそもニュートンが力学の理論体系を作るときに必要に迫られて導入したものなので，力学の体系を微分・積分を抜きにして学ぶことは本当は不可能なのである．高校で公式として覚えたものが，大学では微分・積分の力を借りて，ニュートンの運動方程式という基礎方程式から導かれることを学ぶことになる．

このように，新たな数学が物理学の進歩とともに生み出され発展していることも頭の隅に置いてほしい．

ところで高校と大学の違いは，単に微分・積分などの数学を使うか使わないかということではない．先に述べたように，大学ではニュートンをはじめとする先人たちが構築した力学の理論をそこで必要に迫られ導入された概念とともに体系的に理解し，基礎方程式の起源とそれをどのように適用するかを学ぶことにある．多くの先人の英知によって洗練されてきた力学体系を，専門で学ぶ学問の礎としてもらいたい．

## 1.3　物理と数学

ここでは，初学者が最初に困難を感じるかもしれない，高校で学んだ数学の書き方と大学での書き方の違いについて解説する．表記法，すなわち書き方が少し違っただけで，全く違うもののように思えたりするかもしれないが，ほんとうは全く変わらない．

一般に物体は 3 次元空間を運動するので，その運動の大きさだけでなく，運動の方向の情報が必要となる．このため．大きさと方向の情報を同時に表現できるベクトルが用いられる．高校ではベクトルは，$\vec{A}$ のように $A$ の上に→を載せて表現してきた．しかし，大学で使用する教科書の多くは，$\boldsymbol{A}$ のように太文字で表現する．これは，印刷の手間を軽減し紙面のスペースを節約するためである．ベクトル $\vec{A}$ の時間微分をニュートンの記号を使って表すと，高校で学んだ表記では $\dot{\vec{A}}$ と 1 行内に納めるのが難しくなるのに対して，太字 $\dot{\boldsymbol{A}}$ では困難が多少緩和する．このように，教科書を読むと高校で学んだ表記と異なる表記にしばしば遭遇する．しかし，何を表現しているのか注意深く考えれば，難しくないことに気づくはずである．

ニュートンの記号については 2.4.2 節を参照のこと

次に，微分と物理の関わりをもう少し詳しくみてみよう．高校数学では関数 $f(x)$ を $x$ で微分することを学んだが，物理学では時刻 $t$ とともに変化する現象を扱うことが多い．実際，リンゴが木から落ちるとき，リンゴの位置は時々刻々と変化している．この時々刻々と変化する瞬間の様子の数学的表現方法が微分である．$t$ とともに変化する物理量，ここではリンゴの位置 $x(t)$ の微分は，時間間隔 $\Delta t$ の間の位置の変化 $x(t+\Delta t)-x(t)$ の極限として，

おなじ表記が物理学と数学で異なる意味になる場合もある．$A_x$ は，本書ではベクトル $\boldsymbol{A}$ の $x$ 成分に用いられるが，数学では $A$ の $x$ に関する偏微分を意味する場合がある．

$$\frac{dx(t)}{dt}=\lim_{\Delta t\to 0}\frac{x(t+\Delta t)-x(t)}{\Delta t} \tag{1.1}$$

で定義されている．これが時刻 $t$ での物体の瞬間の運動の様子（速さ）を表している．極限操作 $\lim_{\Delta t\to 0}$ をほどこすところに瞬間のイメージがもてれば，微分の意味を感覚的に理解できているといえる．このように物体の瞬間の運動状態を表現するために導入された微分であるが，式 (1.1) を

$$x(t+\Delta t)\sim x(t)+\frac{dx(t)}{dt}\Delta t \tag{1.2}$$

のように変形すると少し異なる理解ができる．「$\sim$」は，ほぼ等しいという意味を表す記号である．右辺第一項は時刻 $t$ での位置 $x(t)$ を表し，第二項は時間間隔 $\Delta t$ の間の微小な位置の変化量を表す．一方，左辺は，右辺の時刻 $t$ での値ではなく，それから時間が $\Delta t$ だけ進んだ時刻 $t+\Delta t$ での位置 $x(t+\Delta t)$ を表している．ここで右辺と左辺では時刻が違うことに気がつけば，式 (1.2) は，現在（右辺）と未来（左辺）との関係を示しており，微分項はその二つの時刻での出来事を結び付けているように見える．数式を単なる等号で結ばれた式とみるのではなく，数式が表現している物理現象の意味を考えることが重要

である．このように熟考しながら数式を眺めると，我々が予期していなかった意味内容をくみとることができることもある．

前の段落では，時間的に変動する力学変数で表す方法と微分との関係を述べた．この方法は時々刻々と変化する物体の様子を正確に記述できるが，例えば運動の大枠を知りたいときには，もっと適した方法がある．これが，時間的に一定な力学変数を用いる方法である．ある力学変数 $A$ が時間的に一定というのは，時間に関係しない定数であるということである．したがって，

$$\frac{dA}{dt} = 0 \tag{1.3}$$

と書くことができる．この式は，「力学変数 $A$ は時間的に変化 $(dA/dt)$ しない $(0)$」と読む．両辺を $t$ で積分すれば「$A =$ 定数」となるから，確かにそのとおりである．時間的に一定とは，「保存する」ということを意味し，実は式 (1.3) は保存則を表す式である．$A$ がエネルギーの場合，エネルギー保存を表し，$A$ が運動量なら運動量保存を表す．

次に積分について少し詳しくみてみよう．高校では，$C$ を積分定数とすると不定積分は，

$$\int f(x)dx = F(x) + C \tag{1.4}$$

と表わされ，$f(x)$ が多項式，三角関数，指数関数，対数関数などの場合に $F(x)$ がどのような関数になるかを導いた．このような計算能力はもちろん大学でも必要である．しかし，それ以上に大学では，「対象とするものを細かく刻んで足し合わせたものが積分である」という意味，すなわち，定積分

$$\int_a^b f(x)dx = \lim_{n\to\infty} \sum_{k=0}^{n-1} f(x_k)\Delta x_k \tag{1.5}$$

の右辺の意味をよく理解していることが重要である．高校では $x$ は実数に限られていたが，定積分の意味を適用すれば，$\Delta x$ をある物体を細かく刻んだ素片に置き換えることが可能である．例えば素片の体積を $\Delta V$ と書くと，物体の体積 $V$ は，

$$V = \lim_{n\to\infty} \sum_{k=0}^{n-1} \Delta V_k = \int_{\text{物体}} dV \tag{1.6}$$

のように積分記号を使って表すことができる．実数 $x$ の場合は積分範囲 $a \leq x \leq b$ を積分記号の右側に書くことができるが，複雑な形をした物体の場合は，物体の表面と内部について足し合わせるという意味で「物体」と書いてある．さらに各素片の密度 $\rho_k$ が与えられたなら，物体の質量 $M$ も，

$$M = \lim_{n\to\infty} \sum_{k=0}^{n-1} \rho_k \, \Delta V_k = \int_{\text{物体}} \rho \, dV \tag{1.7}$$

のように積分記号を用いて表すことができる．このように右辺の積分記号の表記は，極限操作 $\lim_{n\to\infty}\sum_{k=0}^{n-1}$ が表す内容を簡略に表記したものとみなすことができる．

以上述べたように，高校数学と大学の物理学で利用する数学に本質的な違いはない．ところが数学の表記法の違いに惑わされ，その結果，物理学も数学も手におえないと尻ごみするかもしれない．確かに大学で学ぶ数学は大きな壁にみえるかもしれないが，実は数学は，ルールさえ間違えずに計算すればだれでも正しい結果が導けるように，先人達が努力して体系化してきたものである．したがって，力学で扱う物理現象を通して，数学と物理学，特に微分積分学と物体の運動の関係について理解を深めることができれば，必ず物理と数学に対するアレルギーがなくなるはずである．本書では，数式の意味内容をできる限り言葉で解説し，物理現象の本質を理解できるように記述することを心がける．

## 1.4　物理量の次元と単位

物理学あるいは力学を学ぶにあたってまず注意しなければならないことは，扱われる数値に時間や長さのような，それぞれの物理量に応じた意味が付随していることである．力学では，ニュートンの運動の法則から，扱われる基本的な物理量として「質量 $(M)$」，「長さ $(L)$」，「時間 $(T)$」の三つが採用され，それぞれの物理量がもつ意味を次元と名付けた．これらの物理量を組み合わせて作られる速さやエネルギーなどの力学に現れる物理量の次元はすべて，これら三つの基本次元を用いて表現することができる．

物理量の意味を次元で表した後は，その数量を表す基準が必要になる．同じ物理量，例えば，時間がある数量で表されたとき，その数量の基準が「分」なのか「秒」なのかで，実時間の長さは全く異なる．それぞれの物理量に対して，この基準となる大きさが単位である．これまで，国や時代によって様々なもの

**表 1.1**　本書に現れる典型的な組立単位

| 物理量 | よく用いられる記号 | 基本単位の組合せ |
|---|---|---|
| 力 | $F$ | kg· m/s$^2$ (=N) |
| 運動量 | $p$ | kg· m/s |
| 力積 | $F\Delta t$ | N· s |
| エネルギー | $E$ | N·m (=J) |
| 仕事率 | $P$ | N·m/s (=J/s=W) |
| 力のモーメント | $N$ | N·m |
| 角運動量 | $L$ | kg· m$^2$/s |
| 慣性モーメント | $I$ | kg·m$^2$ |

が使われてきた．我が国では，江戸時代の時刻の単位は一刻（いっとき：約 2 時間）であった．現在では，1960 年に制定された国際単位系（SI 単位系）が世界基準となっている．この単位系では，力学に関係する長さ [m]，時間 [s]，質量 [kg] に加えて，電流 [A]，熱力学温度 [K]，物質量 [mol]，光度 [cd] の 7 つを基本単位として，様々な物理現象に適した組立単位が併用されている．

力学で用いる典型的な組立単位を表 1.1 にまとめておく．

# 2
# 運動の記述

力学は，物体の運動と物体にはたらく力の関係が調べられ確立された理論である．運動を調べるためには，物体の位置を正確に把握する方法を見つけなければならない．その手始めに，大きさをもつ物体のかわりに大きさをもたない点の運動を考える．この後の章でも出てくるが，点に質量の性質をもたせた質点という理想化した物体を考え，その運動を表すために必要な座標系について説明する．一方，物体の位置は位置ベクトルを用いて表すこともできる．座標系と位置ベクトルの関係について学んだ後，速度および加速度について学ぶ．また，数学的準備としてベクトルの数学についてまとめる．

## 2.1 座標系

質点の運動状態が時間とともにどのように変化するかを記述するためには，質点の位置を指定し，その時間変化を追跡する必要がある．質点の位置を決定するためには，基準となる座標系が必要である．ある平面上を質点が自由に動くときには，$xy$ 直交座標系がよく用いられる．幾何学に座標概念の萌芽的手法を使用したデカルトにちなんで，直交座標をデカルト座標という場合がある。しかし直交座標系がいつも便利な座標系とは限らない．ここではこの教科書で扱う座標系について学ぶ．

デカルト（1596-1650）はフランスの哲学者

### 2.1.1 2次元極座標

質点Pがある平面上を運動するとき，原点からの距離 $r$ とある方向から測った角度 $\varphi$ を用いても，位置を決めることができる．このような座標系を2次元極座標といい，それぞれの変数の値を $(r, \varphi)$ と書いて位置を表す．図2.1に示すように，$\varphi$ は $x$ 軸を基準に左回りを正の向きにとる．$r$ を動径，$\varphi$ を偏角または方位角という．$xy$ 直交座標系と2次元極座標系の変数は，以下のような関係式で結ばれている．

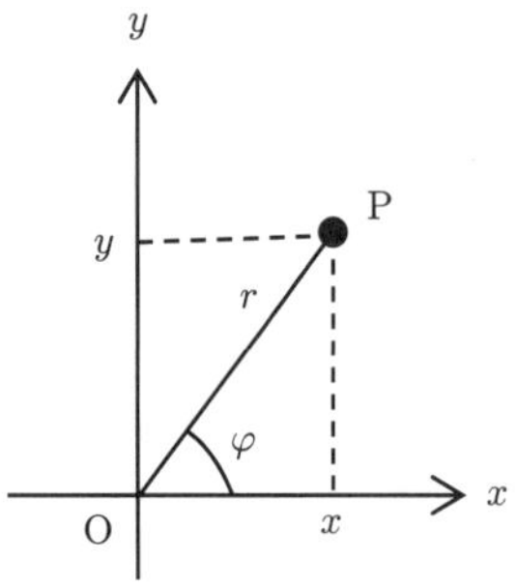


図 2.1

$$
\begin{cases} x = r\cos\varphi \\ y = r\sin\varphi \end{cases} \tag{2.1}
$$

**問 2.1**　2 次元極座標の変数 $(r, \varphi)$ を，$xy$ 直交座標系の変数 $(x, y)$ を用いて表せ．

**[例題 2.1]　円の面積**

面積積分を計算するときに必要になる微小な面積素片 $dS$ は，$xy$ 直交座標の場合，$x$ 軸方向の微小変化 $dx$ と $y$ 軸方向の微小変化 $dy$ の積 $dxdy$ で表される．それでは 2 次元極座標の場合，微小な面積素片 $dS$ はどのように与えればよいか．得られた $dS$ を積分して半径 $a$ の円の面積の公式を導け．

[解]　2 次元極座標の動径の微小変化 $dr$ は長さであるが偏角の微小変化 $d\varphi$ は長さでないので，$drd\varphi$ は面積にならない．角度 $\varphi$ をラジアンで表したときは $r\varphi$ は円弧の長さとなるから，2 次元極座標の微小な面積素片は，$d\varphi$ に $r$ を掛けたものを用いて，

$$
dS = dr\ rd\varphi = rdrd\varphi \tag{2.2}
$$

となる．$dS$ を $0 \leq r \leq a$，$0 \leq \varphi \leq 2\pi$ の範囲で積分すると円の面積 $S$ は，

$$
S = \int dS = \int_0^a rdr \int_0^{2\pi} d\varphi = \frac{1}{2}a^2\,2\pi = \pi a^2
$$

## 2.1.2　3 次元直交座標

質点が 3 次元空間を自由に動くときは，ある点 P の位置を指定するのに最も基本的な座標系は 3 次元直交座標系である．図 2.2 に示すように，原点 O と互いに直交する $x$ 軸，$y$ 軸および $z$ 軸からなり，点 P の位置をそれぞれの軸の座標値を指定して，$(x, y, z)$ で表す．普通，右手の親指を $x$ 軸の正の向き，人差し指を $y$ 軸の正の向き，中指を $z$ 軸の正の向きにそろえた**右手系**の 3 次元直交座標系を用い，これを鏡に投影してできる左手系の直交座標系は用いな

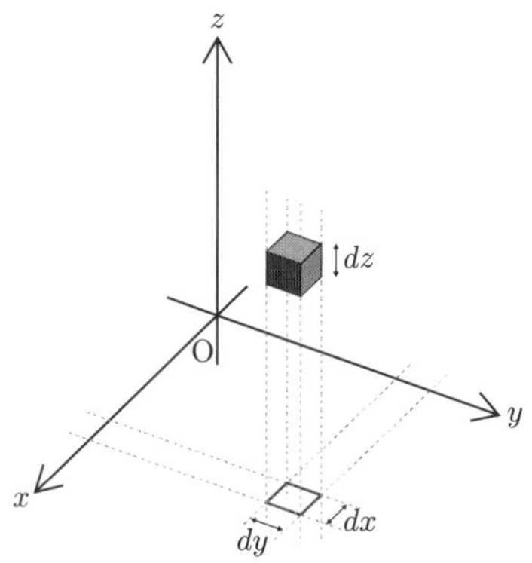


図 2.2

い．体積積分を実行する際に必要になる 3 次元直交座標の微小な体積素片 $dV$ は $dxdydz$ である．

### 2.1.3 3 次元極座標

球対称性をもつ対象を扱うときには，3 次元直交座標系よりも 3 次元極座標を用いる方が便利である．3 次元極座標では，図 2.3 に示すように点 P の位置は，原点 O からの距離 $r$，$z$ 軸から OP への角度 $\theta$（天頂角），$x$ 軸から OQ への角度 $\varphi$（偏角）を用いて $(r, \theta, \varphi)$ と表される．ここで点 Q は P から $xy$ 平面に下した垂線の足である．3 次元極座標と 3 次元直交座標との間には次の関係がある．

$$\begin{cases} x = r\sin\theta\cos\varphi \\ y = r\sin\theta\sin\varphi \\ z = r\cos\theta \end{cases} \tag{2.3}$$

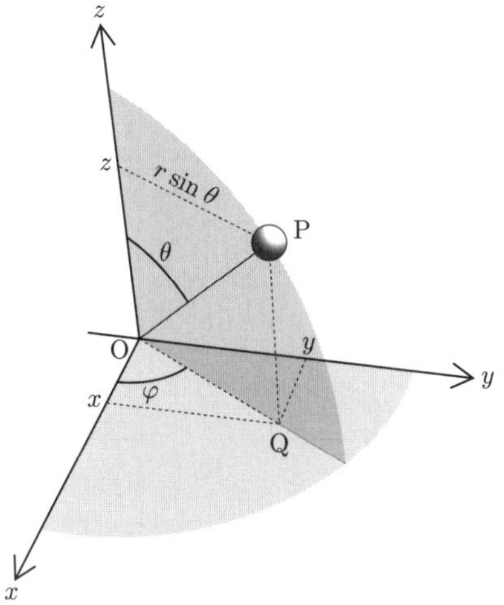


図 2.3

**問 2.2**　3 次元極座標の変数 $(r, \theta, \varphi)$ を，3 次元直交座標系の変数 $(x, y, z)$ を用いて表せ．

**［例題 2.2］　球の体積**

式 (2.2) の導き方を参考にして，3 次元極座標の微小な体積素片 $dV$ を導け．得られた $dV$ を積分して，半径 $a$ の球の体積の公式を導け．

［解］ 図 2.4 に示すように，$dr$，$rd\theta$，$r\sin\theta\,d\varphi$ を掛けて，

$$dV = r^2 dr \sin\theta\, d\theta\, d\varphi \tag{2.4}$$

球の体積 $V$ は，$dV$ を $0 \le r \le a$，$0 \le \theta \le \pi$，$0 \le \varphi \le 2\pi$ の範囲で積分して，

$$\begin{aligned} V &= \int dV = \int_0^a r^2 dr \int_0^\pi \sin\theta\, d\theta \int_0^{2\pi} d\varphi \\ &= \left[\frac{1}{3}r^3\right]_0^a [x]_{-1}^1 [\varphi]_0^{2\pi} = \frac{4\pi}{3}a^3 \end{aligned}$$

ただし，$\theta$ に関する積分は，$x = \cos\theta$ とおいて置換積分を行った．

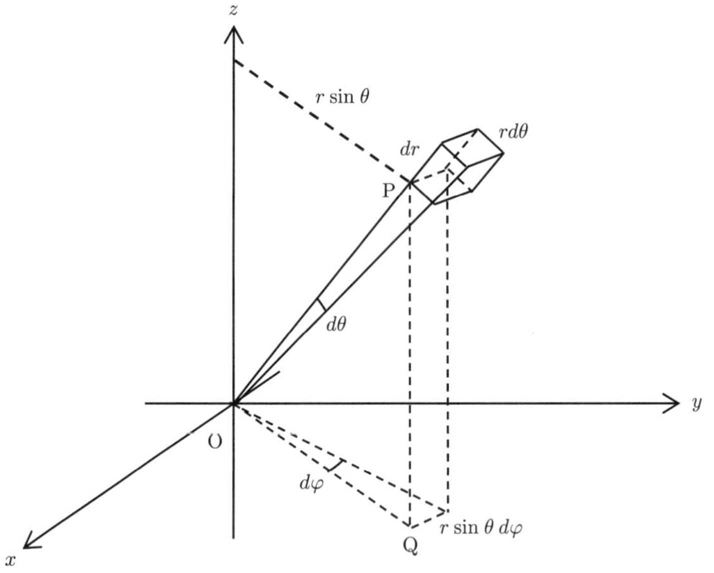


図 **2.4**

## 2.1.4　円 筒 座 標

ある固定軸の周りの回転対称性をもつ対象を扱うときに用いられる座標系が，円筒座標（または円柱座標）である．図 2.5 に示すように，固定軸を $z$ 軸にとり，それに垂直な平面を 2 次元極座標を用いたもので，点 P の位置を $(\rho, \varphi, z)$ と表す．

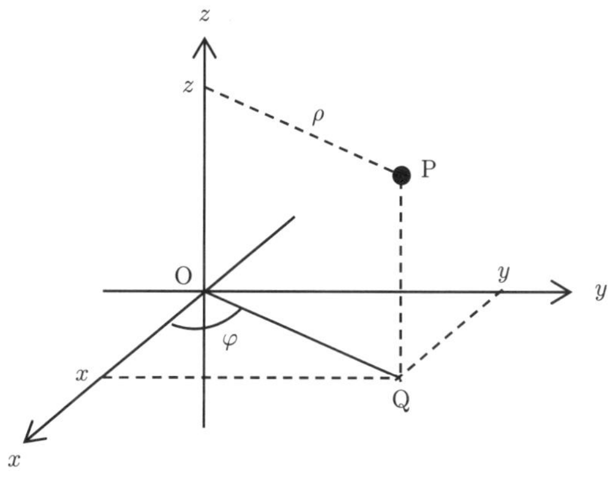


図 **2.5**

［例題 **2.3**］

円筒座標 $(\rho, \varphi, z)$ と 3 次元直交座標 $(x, y, z)$ の変数の間の関係式を書け．

［解］

$$\begin{cases} x = \rho\cos\varphi \\ y = \rho\sin\varphi \\ z = z \end{cases} \tag{2.5}$$

逆に解くと，

$$\begin{cases} \rho = \sqrt{x^2+y^2} \\ \varphi = \arctan\dfrac{y}{x} \\ z = z \end{cases} \tag{2.6}$$

**問 2.3** 円筒座標の微小な体積素片 $dV$ を導け．

# 2.2 位置ベクトル，速度，加速度

## 2.2.1 スカラーとベクトル

大きさのみをもち，一つの数で表される量を **スカラー** という．それに対して，大きさと向きをあわせもつ量を **ベクトル** という．

## 2.2.2 位置ベクトル

前の節で，点 P の位置を表すためには座標系を決めて，座標を指定すればよいことを学んだが，問題によっては座標系を指定しないで位置を表す方が便利な場合がある．これを実現するもっとも簡単な方法は，原点 O の位置から点 P の位置を矢印で結ぶことで，このような表記を**位置ベクトル**と呼ぶ．図 2.6 の 2 次元極座標で説明すると，位置ベクトルとは動径と偏角の 2 つの情報を

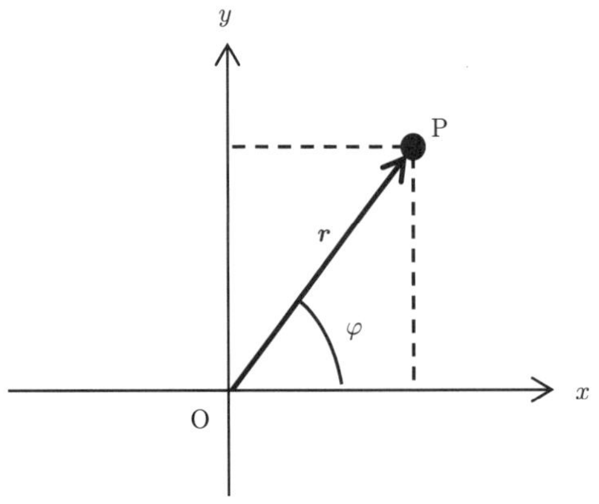


図 2.6

矢印 1 本で表したものということである．位置ベクトルには習慣で小文字の $r$ を用い，文字の上に矢印を書いて $\vec{r}$ または太字にして $\boldsymbol{r}$ と表す．

### 2.2.3 変位ベクトル

点 P の位置が時間 $t$ とともに変化しているときは，$\boldsymbol{r}$ は時間の関数 $\boldsymbol{r}(t)$ となる．ある短い時間 $\Delta t$ に点 P がどのように移動したかを表したものが微小な変位ベクトル $\Delta \boldsymbol{r}$ である．式で書くと，

$$\Delta \boldsymbol{r} = \boldsymbol{r}(t + \Delta t) - \boldsymbol{r}(t) \tag{2.7}$$

となる．図 2.7 に示すように，これは前の時刻から後の時刻の向きに位置ベクトルの終点を結んだベクトルである．

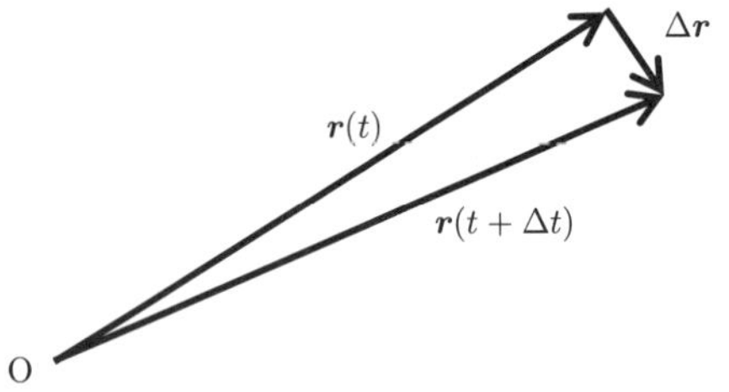


図 2.7

### 2.2.4 速　度

運動する点 P の速さは，ある時間に移動した距離がわかれば，移動距離を所要時間で割ることにより求められる．このような速さを**平均の速さ**という．時間間隔 $\Delta t$ を短くすればするほど，ある時刻における点 P の速さに近づくはずである．$\Delta t \to 0$ の極限の速さを**瞬間の速さ**という．点 P の運動ということで

は，どちらの向きに移動したかということも重要な情報であるが，瞬間の速さには向きの情報は含まれない．短い時間間隔に点 P が移動した距離と移動した向きの両方の情報をあわせもつものが，変位ベクトル $\Delta\boldsymbol{r}$ である．したがって，ある瞬間の点 P の速度 $\boldsymbol{v}$ は変位ベクトルから，

$$\boldsymbol{v} = \lim_{\Delta t \to 0} \frac{\Delta \boldsymbol{r}}{\Delta t} = \frac{d\boldsymbol{r}}{dt} \tag{2.8}$$

と定義される．すなわち，位置ベクトルを時間で微分したものが**速度**になる．このように，速度とはもともと速さと向きの両方の性質をあわせもつ量であるので，速度ベクトルと言わないのが普通である．この式は，たとえ点 P が曲線上を運動していても，ごく短い時間間隔の移動距離は各瞬間の位置を直線で結んだものと同じとみなしてよいことを利用している．またのちに学ぶように瞬間の速度は曲線軌道に対して必ず接線方向を向く．点 P の瞬間の速さ $v$ は，上の式と同様に

$$v = \lim_{\Delta t \to 0} \left| \frac{\Delta \boldsymbol{r}}{\Delta t} \right| = \left| \frac{d\boldsymbol{r}}{dt} \right| \tag{2.9}$$

と書ける．このように微分法は，物体の運動を合理的に記述しようとする試みから生まれたものである．

### 2.2.5　加 速 度

一般に，運動する物体の速さや向きは時間とともに変化するのが普通である．速度の時間変化率を**加速度**という．加速度も，もともと大きさと向きをあわせもつ量であるので，加速度ベクトルとは言わないのが普通である．加速度 $\boldsymbol{a}$ は，位置ベクトルから速度を導いた方法を適用して導く．そのためまず，速度の微小変化 $\Delta\boldsymbol{v}$ を，

$$\Delta\boldsymbol{v} = \boldsymbol{v}(t + \Delta t) - \boldsymbol{v}(t) \tag{2.10}$$

のように導く．これを作図で求めるためには，図 2.8 に示すように各時刻の速度 $\boldsymbol{v}(t)$，$\boldsymbol{v}(t + \Delta t)$ を平行移動して始点をそろえ，終点どうしを結ぶ矢印を書けばよい．次に $\Delta t \to 0$ の極限を求めると，ある瞬間の点 P の加速度（ベクトル）は，

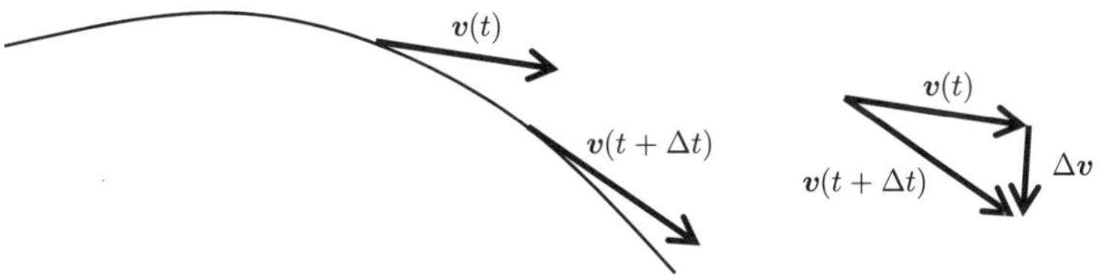


図 2.8

$$\boldsymbol{a} = \lim_{\Delta t \to 0} \frac{\Delta \boldsymbol{v}}{\Delta t} = \frac{d\boldsymbol{v}}{dt} = \frac{d}{dt}\left(\frac{d\boldsymbol{r}}{dt}\right) = \frac{d^2\boldsymbol{r}}{dt^2} \tag{2.11}$$

と定義される．式 (2.11) のように，加速度は速度 $\boldsymbol{v}$ の時間に関する微分であり，また位置ベクトル $\boldsymbol{r}$ の時間に関する 2 階微分となる．ある瞬間の加速度の大きさは，

$$a = \lim_{\Delta t \to 0} \left|\frac{\Delta \boldsymbol{v}}{\Delta t}\right| = \left|\frac{d\boldsymbol{v}}{dt}\right| = \left|\frac{d^2\boldsymbol{r}}{dt^2}\right| \tag{2.12}$$

と書ける．

## 2.3 ベクトルの数学

ベクトルは，速度や加速度のように大きさと向きをもつ量を表すために作り出されたものであるが，数学の立場からその性質が詳細に調べられ，ベクトルの基本的な事項が以下のようにまとめられた．

### 2.3.1 ベクトル

大きさと向きをあわせもつベクトルは，$\vec{A}$ または $\boldsymbol{A}$ などで表し，図 2.9 のように向きを指定した線分（矢印）で図示する．ベクトル $\boldsymbol{A}$ の大きさは $|\boldsymbol{A}| = A\ (\geq 0)$ と表す．ベクトルは次のような性質をもつ量として定義される．この教科書では，零ベクトルは $\mathbf{0}$ で表す．

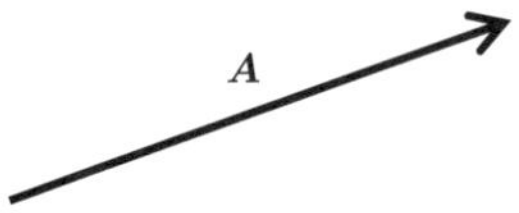


図 2.9

**性質 1** 大きさ，方向，向きが同じ平行なベクトル $\boldsymbol{A}$，$\boldsymbol{A}'$ は互いに等しいものとし，$\boldsymbol{A} = \boldsymbol{A}'$ とする．つまり，ベクトルの始点がどこにあっても等しい．

**性質 2** ベクトル $\boldsymbol{A}$ と大きさ，方向が同じで，向きが反対のベクトルを $-\boldsymbol{A}$ と表す．

**性質 3** ベクトル $\boldsymbol{A}$ とスカラー $a$（実数 $a$）の積 $a\boldsymbol{A}$ は，大きさが $|a|A$，方向は $\boldsymbol{A}$ の方向で，$a > 0$ なら $\boldsymbol{A}$ と同じ向き，$a < 0$ なら $\boldsymbol{A}$ と逆向きであるようなベクトルである．

**性質 4** ベクトル $\boldsymbol{A}$ と $\boldsymbol{B}$ の和 $\boldsymbol{C}$ は，図 2.10 のように三角形の 3 辺，または平行四辺形の 2 辺と対角線の位置関係で表される．

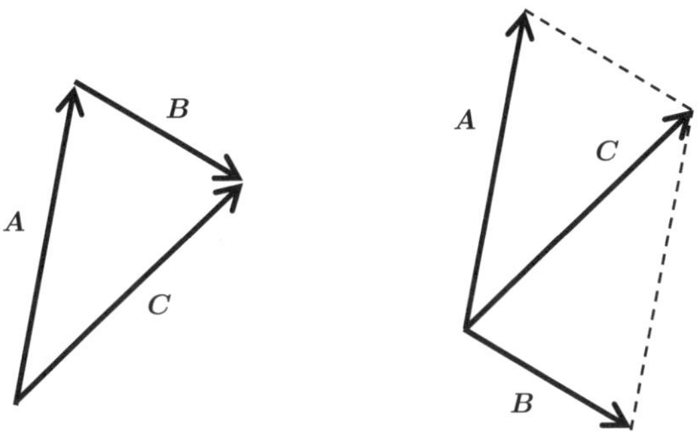


図 **2.10**

ベクトル $\boldsymbol{A}$, $\boldsymbol{B}$, $\boldsymbol{C}$ は次の関係を満たす.

関係 1　$\boldsymbol{A}+\boldsymbol{B}=\boldsymbol{B}+\boldsymbol{A}$
関係 2　$c(\boldsymbol{A}+\boldsymbol{B})=c\boldsymbol{A}+c\boldsymbol{B}$　($c$：スカラー)
関係 3　$\boldsymbol{A}+(\boldsymbol{B}+\boldsymbol{C})=(\boldsymbol{A}+\boldsymbol{B})+\boldsymbol{C}$

### 2.3.2　速度の合成

ベクトルの性質 4 を使うと，2 つの速度を合わせて 1 つの速度として表すこと (合成) ができる．例えば図 2.11 に示すように，川を対岸に向かって真っすぐに進もうとする船の速度を $\boldsymbol{v}_1$，川の水の速度を $\boldsymbol{v}_2$ とすると，実際の船の速度 $\boldsymbol{v}$ はこれらの速度を合成して，

$$\boldsymbol{v}=\boldsymbol{v}_1+\boldsymbol{v}_2 \tag{2.13}$$

となる．

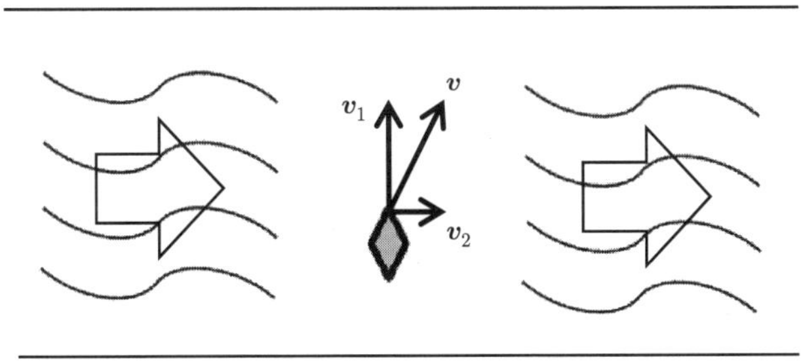


図 **2.11**

### 2.3.3 スカラー積とベクトル積

ベクトル $\boldsymbol{A}$ とベクトル $\boldsymbol{B}$ の積は 2 通りある．まず，2 つのベクトルから 1 つの数を導く演算である $\boldsymbol{A}$ と $\boldsymbol{B}$ の **スカラー積**（**内積** ともいう）は次のように定義される．

$$\boldsymbol{A} \cdot \boldsymbol{B} = AB\cos\theta \tag{2.14}$$

ここで，「$\cdot$」はスカラー積を表す演算記号で，$\theta$ は $\boldsymbol{A}$ と $\boldsymbol{B}$ のなす角である．

$\boldsymbol{A}$，$\boldsymbol{B}$ をベクトル，$a$ をスカラーとすると，スカラー積は次の性質をもつ．

**性質 1** $\boldsymbol{A} \cdot \boldsymbol{B} = \boldsymbol{B} \cdot \boldsymbol{A}$

**性質 2** $\boldsymbol{A} \neq \boldsymbol{0}, \boldsymbol{B} \neq \boldsymbol{0}$ のとき，$\boldsymbol{A} \cdot \boldsymbol{B} = 0$ なら $\theta = \pi/2$，すなわち $\boldsymbol{A}$ と $\boldsymbol{B}$ は垂直である

**性質 3** $\boldsymbol{A} \cdot \boldsymbol{A} = A^2 = |\boldsymbol{A}|^2$ （$\boldsymbol{A} \cdot \boldsymbol{A}$ を $\boldsymbol{A}^2$ とも書く）

**性質 4** $\boldsymbol{A} \cdot (\boldsymbol{B} + \boldsymbol{C}) = \boldsymbol{A} \cdot \boldsymbol{B} + \boldsymbol{A} \cdot \boldsymbol{C}$

**性質 5** $\boldsymbol{A}' = a\boldsymbol{A}$ とすると $\boldsymbol{A}' \cdot \boldsymbol{B} = a(\boldsymbol{A} \cdot \boldsymbol{B})$

つぎに，2 つのベクトル $\boldsymbol{A}$ と $\boldsymbol{B}$ から 1 つのベクトル $\boldsymbol{C}$ を導く演算を **ベクトル積**（**外積** ともいう）といい，

$$\boldsymbol{C} = \boldsymbol{A} \times \boldsymbol{B} \tag{2.15}$$

と表記される．ここで，「$\times$」はベクトル積を表す演算記号である．ベクトル積の大きさは，$\boldsymbol{A}$ と $\boldsymbol{B}$ のなす角を $\theta (0 \leq \theta \leq \pi)$ とすると，

$$\text{大きさ} = C = |\boldsymbol{C}| = AB\sin\theta \tag{2.16}$$

で与えられ，ベクトル $\boldsymbol{A}$ と $\boldsymbol{B}$ を隣り合う 2 辺とする平行四辺形の面積に等しい．ベクトル $\boldsymbol{C} = \boldsymbol{A} \times \boldsymbol{B}$ の方向は $\boldsymbol{A}$ と $\boldsymbol{B}$ の両方に垂直で，向きは，図 2.12

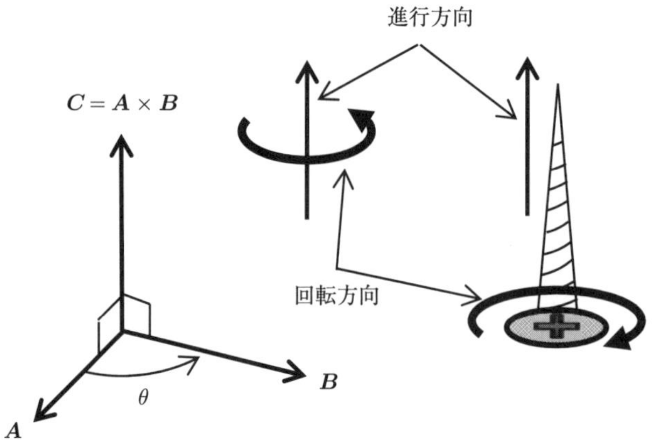


図 **2.12**

に示すように，$\boldsymbol{A}$ と $\boldsymbol{B}$ がつくる平面上で $\boldsymbol{A}$ から $\boldsymbol{B}$ に向かってなす角 $\theta$ に沿って回転したとき，右ねじの進む向きと同じ向きである．

$\boldsymbol{A}$，$\boldsymbol{B}$，$\boldsymbol{C}$ をベクトル，$a$ をスカラーとすると，ベクトル積は次の性質をもつ．

**性質 1**　$\boldsymbol{A} \times \boldsymbol{B} = -\boldsymbol{B} \times \boldsymbol{A}$
**性質 2**　$\boldsymbol{A} \times \boldsymbol{A} = \boldsymbol{0}$
**性質 3**　$\boldsymbol{A} \neq \boldsymbol{0}, \boldsymbol{B} \neq \boldsymbol{0}$ のとき，$\boldsymbol{A} \times \boldsymbol{B} = \boldsymbol{0}$ なら，$\boldsymbol{A}$ と $\boldsymbol{B}$ は平行である
**性質 4**　$(a\boldsymbol{A}) \times \boldsymbol{B} = a(\boldsymbol{A} \times \boldsymbol{B})$
**性質 5**　$\boldsymbol{A} \times (\boldsymbol{B} + \boldsymbol{C}) = \boldsymbol{A} \times \boldsymbol{B} + \boldsymbol{A} \times \boldsymbol{C}$

### 2.3.4　直交座標系を用いたベクトルの成分表示

図 2.13 に示すようにベクトル $\boldsymbol{A}$ の始点を原点 O にとり，ベクトル $\boldsymbol{A}$ の $x$ 軸，$y$ 軸，$z$ 軸への正射影をそれぞれ $A_x$，$A_y$，$A_z$ と表すと，これらをそれぞれ $\boldsymbol{A}$ の $x$ 成分，$y$ 成分，$z$ 成分という．これは $\boldsymbol{A}$ の終点の直交座標の値でもあるので，

$$\boldsymbol{A} = (A_x,\ A_y,\ A_z) \tag{2.17}$$

と表すことができる．

$x$ 軸, $y$ 軸, $z$ 軸について, それぞれの軸の正の方向に向いた長さ$=1$のベクトルを**基本単位ベクトル**といい, $\boldsymbol{e}_x$, $\boldsymbol{e}_y$, $\boldsymbol{e}_z$ と表すと $(|\boldsymbol{e}_x| = |\boldsymbol{e}_y| = |\boldsymbol{e}_z| = 1)$, $\boldsymbol{A}$ は

$$\boldsymbol{A} = A_x\boldsymbol{e}_x + A_y\boldsymbol{e}_y + A_z\boldsymbol{e}_z \tag{2.18}$$

とも書ける．図 2.13 に示すように，$A_x\boldsymbol{e}_x$，$A_y\boldsymbol{e}_y$，$A_z\boldsymbol{e}_z$ がそれぞれ $x$ 軸，$y$ 軸，$z$ 軸方向に沿ったベクトルとなっている．

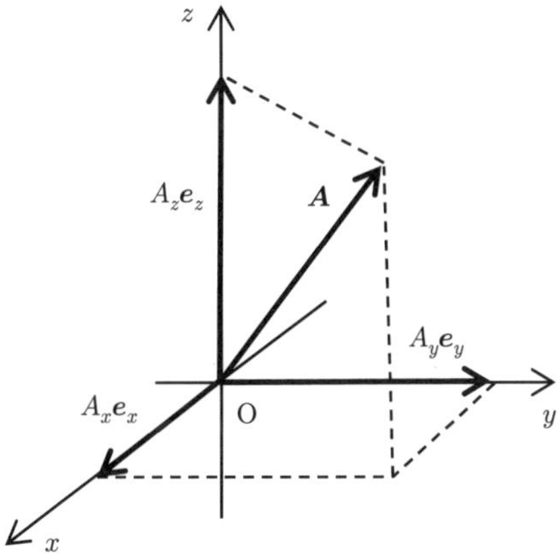


**図 2.13**

成分 $A_x$，$A_y$，$A_z$ を用いると，ベクトル $\boldsymbol{A}$ の大きさは

$$A = |\boldsymbol{A}| = \sqrt{A_x^2 + A_y^2 + A_z^2} \tag{2.19}$$

$\boldsymbol{B} = (B_x,\ B_y,\ B_z)$ のとき，$\boldsymbol{A}$ と $\boldsymbol{B}$ の **スカラー積** は，

$$\boldsymbol{A}\cdot\boldsymbol{B} = A_xB_x + A_yB_y + A_zB_z \tag{2.20}$$

と計算できる．

[例題 **2.4**]

式 (2.20) を導け．

[解] $\boldsymbol{e}_x\cdot\boldsymbol{e}_x = \boldsymbol{e}_y\cdot\boldsymbol{e}_y = \boldsymbol{e}_z\cdot\boldsymbol{e}_z = 1$，$\boldsymbol{e}_x\cdot\boldsymbol{e}_y = \boldsymbol{e}_y\cdot\boldsymbol{e}_z = \boldsymbol{e}_z\cdot\boldsymbol{e}_x = 0$ などを使うと，

$$\begin{aligned}\boldsymbol{A}\cdot\boldsymbol{B} &= (A_x\boldsymbol{e}_x + A_y\boldsymbol{e}_y + A_z\boldsymbol{e}_z)\cdot(B_x\boldsymbol{e}_x + B_y\boldsymbol{e}_y + B_z\boldsymbol{e}_z)\\ &= A_x\boldsymbol{e}_x\cdot(B_x\boldsymbol{e}_x + B_y\boldsymbol{e}_y + B_z\boldsymbol{e}_z)\\ &\quad + A_y\boldsymbol{e}_y\cdot(B_x\boldsymbol{e}_x + B_y\boldsymbol{e}_y + B_z\boldsymbol{e}_z)\\ &\quad + A_z\boldsymbol{e}_z\cdot(B_x\boldsymbol{e}_x + B_y\boldsymbol{e}_y + B_z\boldsymbol{e}_z)\\ &= A_x\boldsymbol{e}_x\cdot B_x\boldsymbol{e}_x + A_y\boldsymbol{e}_y\cdot B_y\boldsymbol{e}_y + A_z\boldsymbol{e}_z\cdot B_z\boldsymbol{e}_z\\ &= A_xB_x(\boldsymbol{e}_x\cdot\boldsymbol{e}_x) + A_yB_y(\boldsymbol{e}_y\cdot\boldsymbol{e}_y) + A_zB_z(\boldsymbol{e}_z\cdot\boldsymbol{e}_z)\end{aligned} \tag{2.21}$$

また $\boldsymbol{A}$ と $\boldsymbol{B}$ の **ベクトル積** は，それぞれの成分を用いると

$$\begin{aligned}\boldsymbol{A}\times\boldsymbol{B} &= \boldsymbol{e}_x(A_yB_z - A_zB_y) + \boldsymbol{e}_y(A_zB_x - A_xB_z) + \boldsymbol{e}_z(A_xB_y - A_yB_x)\\ &= \begin{vmatrix}\boldsymbol{e}_x & \boldsymbol{e}_y & \boldsymbol{e}_z\\ A_x & A_y & A_z\\ B_x & B_y & B_z\end{vmatrix}\end{aligned} \tag{2.22}$$

のように計算できる．最後の行は，3 行 3 列の行列式を展開する際の公式を用いて，1 行目の右辺を表したものである（付録も参照のこと）．

**問 2.4**　ベクトル積の演算規則を使って，$\boldsymbol{e}_x\times\boldsymbol{e}_y = \boldsymbol{e}_z$，$\boldsymbol{e}_y\times\boldsymbol{e}_z = \boldsymbol{e}_x$，$\boldsymbol{e}_z\times\boldsymbol{e}_x = \boldsymbol{e}_y$ となることを示せ．

[例題 **2.5**]

式 (2.22) を導け．

[解] $\boldsymbol{e}_x\times\boldsymbol{e}_y = \boldsymbol{e}_z$，$\boldsymbol{e}_y\times\boldsymbol{e}_z = \boldsymbol{e}_x$，$\boldsymbol{e}_z\times\boldsymbol{e}_x = \boldsymbol{e}_y$，$\boldsymbol{e}_x\times\boldsymbol{e}_x = 0$ などを用いると，

$$\begin{aligned}\boldsymbol{A}\times\boldsymbol{B} &= (A_x\boldsymbol{e}_x + A_y\boldsymbol{e}_y + A_z\boldsymbol{e}_z)\times(B_x\boldsymbol{e}_x + B_y\boldsymbol{e}_y + B_z\boldsymbol{e}_z)\\ &= A_x\boldsymbol{e}_x\times(B_x\boldsymbol{e}_x + B_y\boldsymbol{e}_y + B_z\boldsymbol{e}_z)\\ &\quad + A_y\boldsymbol{e}_y\times(B_x\boldsymbol{e}_x + B_y\boldsymbol{e}_y + B_z\boldsymbol{e}_z)\\ &\quad + A_z\boldsymbol{e}_z\times(B_x\boldsymbol{e}_x + B_y\boldsymbol{e}_y + B_z\boldsymbol{e}_z)\end{aligned}$$

$$
\begin{aligned}
&= A_x \boldsymbol{e}_x \times B_y \boldsymbol{e}_y + A_x \boldsymbol{e}_x \times B_z \boldsymbol{e}_z + A_y \boldsymbol{e}_y \times B_x \boldsymbol{e}_x + A_y \boldsymbol{e}_y \times B_z \boldsymbol{e}_z \\
&\quad + A_z \boldsymbol{e}_z \times B_x \boldsymbol{e}_x + A_z \boldsymbol{e}_z \times B_y \boldsymbol{e}_y \\
&= A_x B_y (\boldsymbol{e}_x \times \boldsymbol{e}_y) + A_x B_z (\boldsymbol{e}_x \times \boldsymbol{e}_z) + A_y B_x (\boldsymbol{e}_y \times \boldsymbol{e}_x) + A_y B_z (\boldsymbol{e}_y \times \boldsymbol{e}_z) \\
&\quad + A_z B_x (\boldsymbol{e}_z \times \boldsymbol{e}_x) + A_z B_y (\boldsymbol{e}_z \times \boldsymbol{e}_y) \\
&= A_x B_y (\boldsymbol{e}_z) + A_x B_z (-\boldsymbol{e}_y) + A_y B_x (-\boldsymbol{e}_z) + A_y B_z (\boldsymbol{e}_x) \\
&\quad + A_z B_x (\boldsymbol{e}_y) + A_z B_y (-\boldsymbol{e}_x)
\end{aligned}
\tag{2.23}
$$

**問 2.5**　$\boldsymbol{e}_x = (1, 0, 0)$，$\boldsymbol{e}_y = (0, 1, 0)$，$\boldsymbol{e}_z = (0, 0, 1)$ のとき，式 (2.22) を使えば，$\boldsymbol{e}_x \times \boldsymbol{e}_y = \boldsymbol{e}_z$，$\boldsymbol{e}_y \times \boldsymbol{e}_z = \boldsymbol{e}_x$，$\boldsymbol{e}_z \times \boldsymbol{e}_x = \boldsymbol{e}_y$ となることを確かめよ．

### 2.3.5　ベクトルの微分

ベクトル $\boldsymbol{A}$ が変数 $t$ の関数 $\boldsymbol{A}(t)$ であるとする．すなわち，$\boldsymbol{A}$ の各成分が $t$ の関数，$A_x = A_x(t)$，$A_y = A_y(t)$，$A_z = A_z(t)$ とする．このとき，$\boldsymbol{A}(t + \Delta t) = \boldsymbol{A}(t) + \Delta \boldsymbol{A}$ として，

$$
\frac{d\boldsymbol{A}}{dt} = \lim_{\Delta t \to 0} \frac{\boldsymbol{A}(t + \Delta t) - \boldsymbol{A}(t)}{\Delta t} = \lim_{\Delta t \to 0} \frac{\Delta \boldsymbol{A}}{\Delta t} \tag{2.24}
$$

をベクトル $\boldsymbol{A} = \boldsymbol{A}(t)$ の $t$ に関する微分係数という．$\boldsymbol{A} = A_x \boldsymbol{e}_x + A_y \boldsymbol{e}_y + A_z \boldsymbol{e}_z$ を用いると，

$$
\frac{d\boldsymbol{A}}{dt} = \frac{dA_x}{dt}\boldsymbol{e}_x + \frac{dA_y}{dt}\boldsymbol{e}_y + \frac{dA_z}{dt}\boldsymbol{e}_z \tag{2.25}
$$

と書ける．すなわち，$d\boldsymbol{A}/dt$ は $dA_x/dt$，$dA_y/dt$，$dA_z/dt$ を $x$ 成分，$y$ 成分，$z$ 成分とするベクトルである．

$a = a(t)$ を $t$ のスカラー関数，$\boldsymbol{A} = \boldsymbol{A}(t)$，$\boldsymbol{B} = \boldsymbol{B}(t)$ を $t$ のベクトル関数として，ベクトルの微分には次の性質がある．

**性質 1**

$$
\frac{d(a\boldsymbol{A})}{dt} = \frac{da}{dt}\boldsymbol{A} + a\frac{d\boldsymbol{A}}{dt} \tag{2.26}
$$

**性質 2**

$$
\frac{d(\boldsymbol{A} + \boldsymbol{B})}{dt} = \frac{d\boldsymbol{A}}{dt} + \frac{d\boldsymbol{B}}{dt} \tag{2.27}
$$

**性質 3**

$$
\frac{d(\boldsymbol{A} \cdot \boldsymbol{B})}{dt} = \frac{d\boldsymbol{A}}{dt} \cdot \boldsymbol{B} + \boldsymbol{A} \cdot \frac{d\boldsymbol{B}}{dt} \tag{2.28}
$$

**性質 4**

$$
\frac{d(\boldsymbol{A} \times \boldsymbol{B})}{dt} = \frac{d\boldsymbol{A}}{dt} \times \boldsymbol{B} + \boldsymbol{A} \times \frac{d\boldsymbol{B}}{dt} \tag{2.29}
$$

ベクトル積の場合には，積の順序を勝手に入れ替えないように注意する．

# 2.4 位置ベクトル，速度および加速度の成分表示

## 2.4.1 位置ベクトル

時間とともに点Pの位置ベクトルが変化するとき，直交座標系の成分を用いると位置ベクトルは，

$$\boldsymbol{r}(t) = x(t)\boldsymbol{e}_x + y(t)\boldsymbol{e}_y + z(t)\boldsymbol{e}_z \tag{2.30}$$

ここで，$xyz$ 直交座標系は時間に関係なく固定されおり各単位ベクトルも時間の関数ではない．点Pの描く曲線を質点の軌道または軌跡という．数式を簡単にするために，$(t)$ を省略して単に $\boldsymbol{r}$ と書くことが多い．

## 2.4.2 速度と速さ

直交座標系では，位置ベクトルの成分表示を使うと速度 $\boldsymbol{v}$ の成分表示 $(v_x, v_y, v_z)$ は，

$$\begin{aligned}\boldsymbol{v} &= v_x\boldsymbol{e}_x + v_y\boldsymbol{e}_y + v_z\boldsymbol{e}_z \\ &= \frac{dx}{dt}\boldsymbol{e}_x + \frac{dy}{dt}\boldsymbol{e}_y + \frac{dz}{dt}\boldsymbol{e}_z \\ &= \dot{x}\boldsymbol{e}_x + \dot{y}\boldsymbol{e}_y + \dot{z}\boldsymbol{e}_z = \dot{\boldsymbol{r}}\end{aligned} \tag{2.31}$$

と表される．最後の行について説明する．力学ではいろいろな物理量の時間微分がしばしば出てくる．そこで，$A$ の時間微分を $dA/dt$ と書くかわりに，$\dot{A}$ のように $A$ の上に点（ドット）をつけて表すことがある．これはニュートンにより導入されたので，**ニュートンの記号**と呼ばれる．

直交座標系で速さは，

$$v = |\boldsymbol{v}| = \sqrt{\left(\frac{dx}{dt}\right)^2 + \left(\frac{dy}{dt}\right)^2 + \left(\frac{dz}{dt}\right)^2} = \sqrt{\dot{x}^2 + \dot{y}^2 + \dot{z}^2} \tag{2.32}$$

と表される．

## 2.4.3 加 速 度

直交座標系では，加速度 $\boldsymbol{a}$ の成分表示 $(a_x, a_y, a_z)$ は，式 (2.31) を用いると

$$\begin{aligned}\boldsymbol{a} &= a_x\boldsymbol{e}_x + a_y\boldsymbol{e}_y + a_z\boldsymbol{e}_z \\ &= \frac{dv_x}{dt}\boldsymbol{e}_x + \frac{dv_y}{dt}\boldsymbol{e}_y + \frac{dv_z}{dt}\boldsymbol{e}_z = \dot{\boldsymbol{v}} \\ &= \frac{d^2x}{dt^2}\boldsymbol{e}_x + \frac{d^2y}{dt^2}\boldsymbol{e}_y + \frac{d^2z}{dt^2}\boldsymbol{e}_z \\ &= \ddot{x}\boldsymbol{e}_x + \ddot{y}\boldsymbol{e}_y + \ddot{z}\boldsymbol{e}_z = \ddot{\boldsymbol{r}}\end{aligned} \tag{2.33}$$

と表される．最後の行には時間に関する 2 階微分を意味するニュートンの記号 $\ddot{A}$ を用いた．

［例題 **2.6**］　等速円運動

図 2.14 に示すように，角速度 $\omega$ で半径 $\rho$ の円周上を等速円運動する点 P について以下の問いに答えなさい．ただし時刻 $t$ における点 P の $(x,\ y)$ 座標は，

$$x(t) = \rho\cos\omega t$$
$$y(t) = \rho\sin\omega t$$

とする．

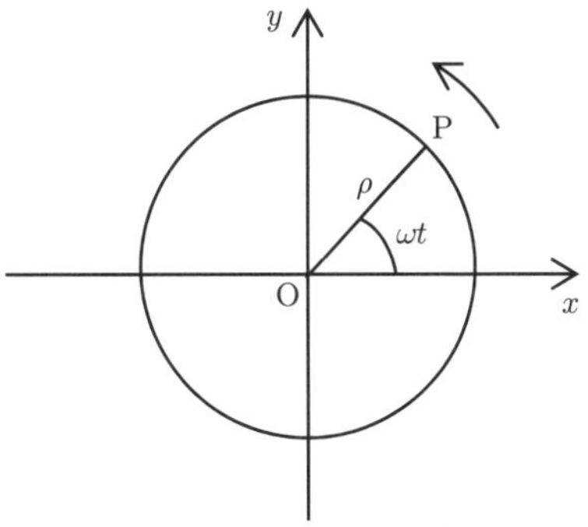


図 **2.14**

(a) 時刻 $t$ における点 P の速度 $\boldsymbol{v}$ の $x$ 成分，$y$ 成分を導け．

(b) 時刻 $t$ における点 P の加速度 $\boldsymbol{a}$ の $x$ 成分，$y$ 成分を導け．

(c) 上の結果を使って，速度の大きさ $v$ と加速度の大きさ $a$ を求めよ．

(d) 点 P の加速度 $\boldsymbol{a}$ を図中に矢印で表せ．

［解］ (a) $\dot{x} = -\rho\omega\sin\omega t$，$\dot{y} = \rho\omega\cos\omega t$

(b) $\ddot{x} = -\rho\omega^2\cos\omega t$，$\ddot{y} = -\rho\omega^2\sin\omega t$

(c) $v = \rho\omega$，$a = \rho\omega^2$

(d) P を始点として O を向いた矢印を描く．

## 2.5　2 次元極座標における成分表示

直交座標系を用いたときは，座標成分を時間 $t$ で微分するだけで速度や加速度の座標成分を導くことができたが，角度を座標成分にもつ 2 次元極座標を使ったときは，速度や加速度の 2 次元極座標成分を導くには，以下のような計算が必要である．

図 2.15 は $xy$ 直交座標系に 2 次元極座標 $(r,\ \varphi)$ を表したものである．直交座標系の単位ベクトル $\boldsymbol{e}_x$，$\boldsymbol{e}_y$ にならって，2 次元極座標の単位ベクトル $\boldsymbol{e}_r$，

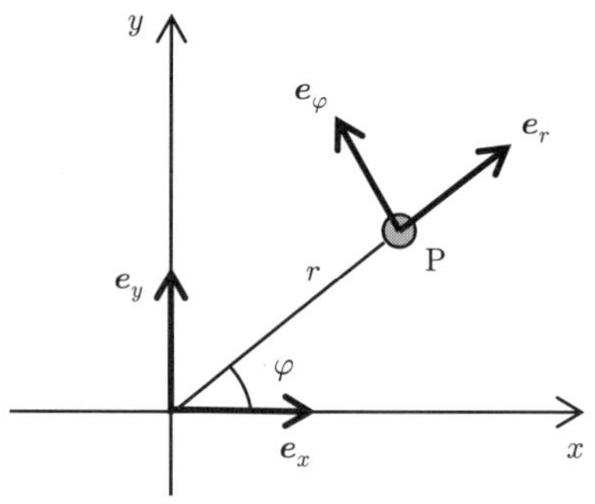


図 2.15

$e_\varphi$ を図のように定義する．$e_x$，$e_y$ は定ベクトルであるが，点 P が移動すれば $e_r$，$e_\varphi$ の向きが変わるので，これらは $t$ の関数となる．

まず $e_r$，$e_\varphi$ は，$e_x$，$e_y$ と図 2.16(a) に示すような位置関係であるから，

$$\boldsymbol{e}_r = \cos\varphi\,\boldsymbol{e}_x + \sin\varphi\,\boldsymbol{e}_y$$
$$\boldsymbol{e}_\varphi = -\sin\varphi\,\boldsymbol{e}_x + \cos\varphi\,\boldsymbol{e}_y \tag{2.34}$$

と書ける．両辺を $t$ で微分すると，右辺は $\varphi$ だけが $t$ の関数であるから，

$$\dot{\boldsymbol{e}}_r = -\dot{\varphi}\sin\varphi\,\boldsymbol{e}_x + \dot{\varphi}\cos\varphi\,\boldsymbol{e}_y = \dot{\varphi}(-\sin\varphi\,\boldsymbol{e}_x + \cos\varphi\,\boldsymbol{e}_y) = \dot{\varphi}\boldsymbol{e}_\varphi$$
$$\dot{\boldsymbol{e}}_\varphi = -\dot{\varphi}\cos\varphi\,\boldsymbol{e}_x - \dot{\varphi}\sin\varphi\,\boldsymbol{e}_y = -\dot{\varphi}(\cos\varphi\,\boldsymbol{e}_x + \sin\varphi\,\boldsymbol{e}_y) = -\dot{\varphi}\boldsymbol{e}_r \tag{2.35}$$

ちなみに，式 (2.34) を逆に解いて $e_x$，$e_y$ を $e_r$，$e_\varphi$ を用いて表す際には，図 2.16(b) に示す関係を使うと便利かもしれない．

以上で準備が整ったので，2 次元極座標を用いて表した位置ベクトル $\boldsymbol{r}$ から，速度と加速度を以下のように導く．位置ベクトル

$$\boldsymbol{r} = r\,\boldsymbol{e}_r \tag{2.36}$$

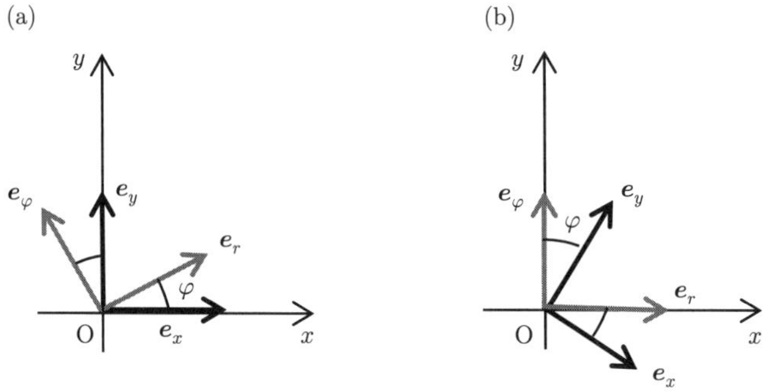


図 2.16

を $t$ で微分し，式 (2.35) を使うと，

$$\boldsymbol{v} = \dot{\boldsymbol{r}} = \dot{r}\,\boldsymbol{e}_r + r\,\dot{\boldsymbol{e}}_r = \dot{r}\,\boldsymbol{e}_r + r\,\dot{\varphi}\,\boldsymbol{e}_\varphi \tag{2.37}$$

のように速度の $\boldsymbol{e}_r$ と $\boldsymbol{e}_\varphi$ の成分が求められる．すなわち，

$$\boldsymbol{v} = (v_r,\, v_\varphi) = (\dot{r},\, r\,\dot{\varphi}) \tag{2.38}$$

さらに式 (2.37) の両辺を $t$ で微分し，式 (2.35) を使うと，

$$\begin{aligned}\boldsymbol{a} = \ddot{\boldsymbol{r}} &= \ddot{r}\,\boldsymbol{e}_r + \dot{r}\,\dot{\boldsymbol{e}}_r + \dot{r}\,\dot{\varphi}\,\boldsymbol{e}_\varphi + r\,\ddot{\varphi}\,\boldsymbol{e}_\varphi + r\,\dot{\varphi}\,\dot{\boldsymbol{e}}_\varphi \\ &= \ddot{r}\,\boldsymbol{e}_r + \dot{r}\,\dot{\varphi}\,\boldsymbol{e}_\varphi + \dot{r}\,\dot{\varphi}\,\boldsymbol{e}_\varphi + r\,\ddot{\varphi}\,\boldsymbol{e}_\varphi + r\,\dot{\varphi}\,(-\dot{\varphi}\,\boldsymbol{e}_r) \\ &= (\ddot{r} - r\dot{\varphi}^2)\,\boldsymbol{e}_r + (2\dot{r}\,\dot{\varphi} + r\,\ddot{\varphi})\,\boldsymbol{e}_\varphi \end{aligned} \tag{2.39}$$

のように加速度の $\boldsymbol{e}_r$ と $\boldsymbol{e}_\varphi$ の成分が求められる．すなわち，

$$\boldsymbol{a} = (a_r,\, a_\varphi) = (\ddot{r} - r\dot{\varphi}^2,\, 2\dot{r}\,\dot{\varphi} + r\,\ddot{\varphi}) \tag{2.40}$$

[例題 **2.7**]

原点を中心とする半径 $\rho$ の円運動について，速度 $\boldsymbol{v}$ と加速度 $\boldsymbol{a}$ の $\boldsymbol{e}_r$ 成分，ならびに $\boldsymbol{e}_\varphi$ 成分の大きさを求めよ．

[解]　半径 $\rho$ =定数であるから，式 (2.37)，式 (2.39) より，

$$\boldsymbol{v} = \rho\dot{\varphi}\,\boldsymbol{e}_\varphi = v\,\boldsymbol{e}_\varphi \tag{2.41}$$

$$\boldsymbol{a} = -\rho\dot{\varphi}^2\,\boldsymbol{e}_r + \rho\,\ddot{\varphi}\boldsymbol{e}_\varphi = -\frac{v^2}{\rho}\,\boldsymbol{e}_r + \rho\,\ddot{\varphi}\boldsymbol{e}_\varphi \tag{2.42}$$

したがって，速度の $\boldsymbol{e}_r$ 成分の大きさは 0，$\boldsymbol{e}_\varphi$ 成分の大きさは $\rho|\dot{\varphi}|$．加速度の $\boldsymbol{e}_r$ 成分の大きさは $\dfrac{v^2}{\rho}$，$\boldsymbol{e}_\varphi$ 成分の大きさは $\rho\,|\ddot{\varphi}|$．

## 2.6　曲線上の運動

この節では曲線に沿って運動する点の速度と加速度が，曲線の接線方向の成分と法線方向の成分に分解できることを学ぶ．説明は平面上の曲線について行うが，曲線のごく短い一部分は必ず適当な平面上の曲線になるから，この節の結果は空間中の任意の曲線に対して適用可能である．

平面上の曲線 C 上を運動する点 P の位置ベクトルを $\boldsymbol{r}$ とする．2.2 節では，$\boldsymbol{r}$ を時刻 $t$ の関数 $\boldsymbol{r}(t)$ として扱い，速度や加速度を導いた．ここでは $t$ の代わりに、曲線 C 上の定点 O から点 P まで曲線に沿って測られた距離 $s$ を用いて $\boldsymbol{r}$ を表す．図 2.17 に示すように，点 P の運動に従い $s$ は増加するように点 O を定める．すなわち，

$$\boldsymbol{r} = \boldsymbol{r}(s) \tag{2.43}$$

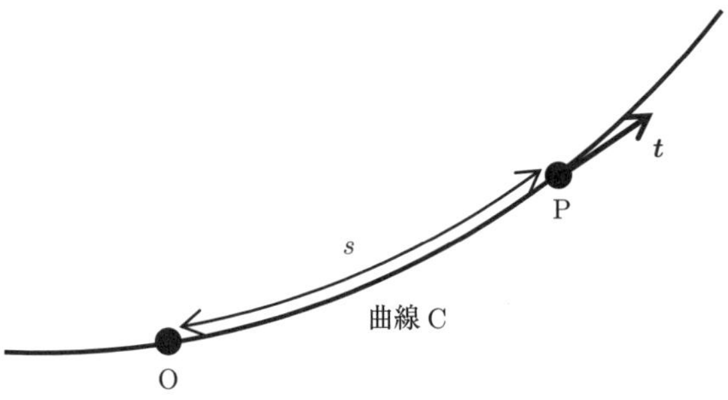


図 2.17

である．

$t$ は tangential vector（接線ベクトル）に由来する．時間の $t$ と混同しないように．

点 P における曲線 C の接線方向の単位ベクトルを $\boldsymbol{t}$ とおく．$\boldsymbol{t}$ は点 P の運動方向を向くベクトルとし，これを**接線ベクトル**と呼ぶ．点 P の速度を $\boldsymbol{v}$ とすると，$s$ は点 P の移動距離であるから，ごく短い $\Delta t$ 秒の間に $\Delta s$ だけ P が移動したとき，

$$v = \lim_{\Delta t \to 0} \frac{\Delta s}{\Delta t} = \frac{ds}{dt} = \dot{s} \tag{2.44}$$

となる．したがって，

$$\boldsymbol{v} = v\,\boldsymbol{t} = \dot{s}\,\boldsymbol{t} \tag{2.45}$$

である．

次に点 P の加速度 $\boldsymbol{a}$ を計算する．$\boldsymbol{a} = \dot{\boldsymbol{v}}$ であるから，

$$\boldsymbol{a} = \frac{d}{dt}\left(\dot{s}\,\boldsymbol{t}\right) = \ddot{s}\,\boldsymbol{t} + \dot{s}\,\dot{\boldsymbol{t}} = \ddot{s}\,\boldsymbol{t} + \dot{s}\,\frac{d\boldsymbol{t}}{ds}\,\frac{ds}{dt} = \ddot{s}\,\boldsymbol{t} + \dot{s}^2\,\frac{d\boldsymbol{t}}{ds} \tag{2.46}$$

$\dfrac{d\boldsymbol{t}}{ds}$ は以下に導くようなベクトルである．図 2.18 に示すように，$\Delta t$ 秒後に点が P′ の位置に移動したとして，その時の接線ベクトルを $\boldsymbol{t}'$ と書く．点 P

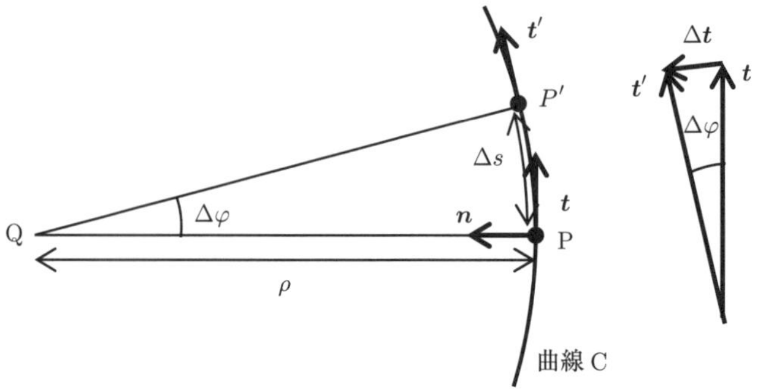


図 2.18

および P′ から，それぞれ $\boldsymbol{t}$ および $\boldsymbol{t}'$ に垂直な線を引き，その交点を Q とする．∠PQP′ は，接線ベクトル $\boldsymbol{t}$ と $\boldsymbol{t}'$ がなす角 $\Delta\varphi$ に一致する．$|\boldsymbol{t}| = |\boldsymbol{t}'| = 1$ であるから，時間間隔 $\Delta t$ が十分小さければ，変位ベクトル $\Delta\boldsymbol{t} = \boldsymbol{t}' - \boldsymbol{t}$ の大きさ $|\Delta\boldsymbol{t}|$ は $\Delta\varphi$ に等しいとおくことができる．一方，PQ$= \rho$ とおくと，$\Delta s = \rho\,\Delta\varphi$ であるから，

$$\frac{|\Delta\boldsymbol{t}|}{\Delta s} = \frac{\Delta\varphi}{\rho\,\Delta\varphi} = \frac{1}{\rho} \tag{2.47}$$

ここで，点 P における法線方向のうち Q を向く単位ベクトルを $\boldsymbol{n}$ とすると，時間間隔 $\Delta t \to 0$ の極限で $\Delta\boldsymbol{t}$ の向きは**法線ベクトル** $\boldsymbol{n}$ に一致するから，

$$\frac{d\boldsymbol{t}}{ds} = \frac{1}{\rho}\boldsymbol{n} \tag{2.48}$$

となる．したがって，

$$\boldsymbol{a} = \ddot{s}\,\boldsymbol{t} + \frac{\dot{s}^2}{\rho}\boldsymbol{n} \tag{2.49}$$

式 (2.49) は，点 P の加速度を接線方向の成分と法線方向の成分に分解したことに相当する．$v = \dot{s}$ であるから，加速度の接線成分の大きさ $a_{\mathrm{t}}$ は，

$$a_{\mathrm{t}} = \dot{v} \tag{2.50}$$

法線成分の大きさ $a_{\mathrm{n}}$ は，

$$a_{\mathrm{n}} = \frac{v^2}{\rho} \tag{2.51}$$

となる．$\rho$ を曲率半径とよぶ．

## 章末問題 2

— A —

**2.1** $xy$ 直交座標平面上の $(1,\ \sqrt{3})$ に点 P があるとき，原点が共通の 2 次元極座標ではどのように表されるか．その成分を求めよ．

**2.2** $xyz$ 直交座標系の $(-\sqrt{2},\ \sqrt{2},\ -2\sqrt{3})$ に点 P があるとき，原点が共通の 3 次元極座標ではどのように表されるか．その成分を求めよ．

**2.3** 円筒座標を用いて点 P の位置を表すと $(3,\ 7\pi/6,\ 2)$ であった．原点が共通の $xyz$ 直交座標を用いると点 P の位置はどのように表されるか．

**2.4** 曲率半径 80m のカーブを自動車が時速 72km で曲がるとき，自動車の加速度の法線成分の大きさ [m/秒 $^2$] を求めよ．

— B —

**2.5** 時刻 $t$ のとき $xy$ 直交座標平面上にある点 P の位置が $(x,\ y) = (t - \sin t,\ 1 - \cos t)$ で与えられるとき，点 P の速度の $x$ 成分，$y$ 成分，加速度の $x$ 成分，$y$ 成分，ならびに点 P の速さと加速度の大きさを求めよ．

**2.6** 時刻 $t$ のとき $xy$ 直交座標平面上にある点 P の位置が $(x,\ y) = (\dfrac{e^t + e^{-t}}{2},\ \dfrac{e^t - e^{-t}}{2})$ で与えられるとき，点 P の速度の $x$ 成分，$y$ 成分，加速度の $x$ 成分，$y$ 成分，ならびに点 P の速さと加速度の大きさを求めよ．

**2.7** ベクトル $\boldsymbol{A}$，$\boldsymbol{B}$，$\boldsymbol{C}$ について，

$$\boldsymbol{A} \times (\boldsymbol{B} \times \boldsymbol{C}) = \boldsymbol{B}(\boldsymbol{A} \cdot \boldsymbol{C}) - \boldsymbol{C}(\boldsymbol{A} \cdot \boldsymbol{B})$$

の等式が成立することを式 (2.22) を使って確かめよ．

**2.8** 独立な空間ベクトル $\boldsymbol{A}$，$\boldsymbol{B}$，$\boldsymbol{C}$ について，

$$(\boldsymbol{A} \times \boldsymbol{B}) \cdot \boldsymbol{C} = (\boldsymbol{B} \times \boldsymbol{C}) \cdot \boldsymbol{A} = (\boldsymbol{C} \times \boldsymbol{A}) \cdot \boldsymbol{B}$$

となることを示せ．

# 3
# 運動の三法則

ニュートンは，天体の運動を記述するための理論体系を完成させた．この理論体系は，天体に限らず，あらゆる物体の運動を記述する力学の理論として，今日，ニュートン力学あるいは古典力学と呼ばれている．物体に力がはたらくとき，物体にどのような運動がおこるかを記述するのが運動の法則である．本章では，力について簡単に説明したのち，ニュートン力学の基本的法則である運動の 3 法則について述べ，具体例として，重力の下での物体の運動を調べる．

## 3.1 身の回りのいろいろな力

物体を変形させたり，物体を動かしたりするはたらきがあるものを**力**という．力を理解するには，手の平に何かが接触したとき圧力が感じられることのように感覚的に納得するのがよい．一方，自然界には，重力や電磁力などのように離れた物体間にはたらく力もある．力の作用には，その強さと向きの両方が関わるので，力も速度や加速度と同様にベクトルを用いて表現される．

重力，電磁力のほか，素粒子の世界で現れる弱い力と強い力を加えた 4 種類の力が自然界に存在するすべての力であることが知られている．電磁力や，弱い力，強い力はこの教科書では扱わない．

### 3.1.1 この教科書で扱う力

接触した物体の間にはたらく力として，張力，垂直抗力，摩擦力，抵抗力などがある．垂直抗力と摩擦力をまとめて**抗力**ということもある．張力や抗力が物体の運動範囲を制限するはたらきをもつ場合は，**束縛力**と呼ばれることがある．摩擦力や抵抗力は物体の運動を妨げる向きにはたらき，物体の力学的エネルギーを失わせるので，**散逸力**とも呼ばれる．一方，物体が離れていてもはたらく力には，重力（万有引力），クーロン力（電磁力）などがある．

ばねは，伸び縮みの大きさに比例した力を生じる（**フックの法則**）．固体をわずかに変形させたときに生じる弾性力もフックの法則に従う．フックの法則に従う力は単振動などの振動現象に関与するので，物理学や工学の分野で重要な力である．

伸び縮みが大きくなるとフックの法則に従わないことがある．

さて，すべての物質は原子によって構成されているが，実際の原子は，プラスの電気を帯びた原子核の周りをマイナスの電気を帯びた電子が取り巻く構造をしている．物体が接触した時，お互い反発しあうのは，負の電気量をもつ電子同士が接近すればするほど強く反発しあうことによる．電気的に中性で閉殻構造をもつ原子同士の間でも，電荷分布のゆらぎに起因する引力相互作用が生じる．ファン・デル・ワールス力とよばれるこの引力は非常に弱いけれども，すべての物質間にはたらく引力である．このような原子間にはたらく力が複雑に絡み合い，現実の摩擦力や抵抗力が生じていると考えられている．

半導体微細加工技術の進歩により，集積回路の中の配線はますます密集してきており，配線間のファン・デル・ワールス力や，より一般的な電気量の揺らぎを考慮したカシミール力の影響が無視できなくなりつつある．

最後に，加速しながら上昇するエレベーターの中で下方に押し付けられるように感じる力や，カーブなどで外側に放り出されそうになる際に感じられる遠心力は，上で述べた力とは全く異なる起源をもつものである．慣性力と呼ばれるこのような力については 10 章で詳しく学ぶ．

### 3.1.2　質　　点

質点とは，質量をもつが大きさをもたない理想的に小さな物体である．物体の回転や変形を無視して並進運動のみに注目する場合には，物体を質量のみをもつ点として扱うことが便利である．

### 3.1.3　力の三要素

力には，「大きさ」，「向き」，「作用点」の三つの要素がある．力がもつこれらの要素を簡潔かつ合理的に表す方法は，2 章で学んだベクトルを利用することである．

### 3.1.4　力の合成と分解

ある物体に 2 つの力 $\boldsymbol{F}_1$，$\boldsymbol{F}_2$ が作用するとき，2 章で学んだベクトルの演算規則に従って，これらの力の和（**合力**）$\boldsymbol{F} = \boldsymbol{F}_1 + \boldsymbol{F}_2$ を求めることができる．質点にはたらく力はすべて質点の位置を作用点とするから，合力 $\boldsymbol{F}$ の作用点も質点の位置に確定する．

図 3.1(a) に示すように，ある質点に $\boldsymbol{F}_1$，$\boldsymbol{F}_2$ が作用するとき，その力のはたらきは，図 3.1(b) に示すように合力 $\boldsymbol{F}$

$$\boldsymbol{F} = \boldsymbol{F}_1 + \boldsymbol{F}_2 \tag{3.1}$$

が作用することと同等である．これを**力の合成**という．逆に図 3.1(c) に示すように，ある力 $\boldsymbol{F}$ は，任意の方向の 2 つの力 $\boldsymbol{F}'_1$，$\boldsymbol{F}'_2$ の合力

$$\boldsymbol{F} = \boldsymbol{F}'_1 + \boldsymbol{F}'_2 \tag{3.2}$$

と等しくできる．これを**力 $\boldsymbol{F}$ の分解**という．

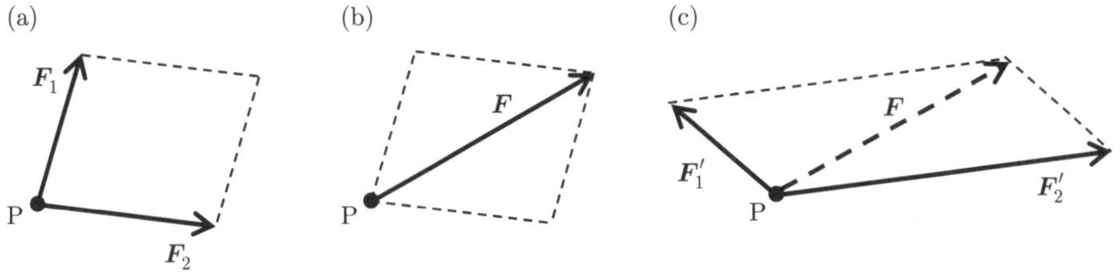


**図 3.1**

# 3.2　運動の三法則

## 3.2.1　第一法則：慣性の法則

「質点に力がはたらいていないとき，質点は静止したままか，あるいは等速直線運動をする.」これを**慣性の法則**といい，この法則が成り立つ座標系を**慣性座標系**（または**慣性系**）という.

第一法則が成り立たない座標系を非慣性座標系といい，10 章で詳しく学ぶ.

氷の上で物体を滑らせると，物体は一定の速度で直線的に進む．ただし，現実には摩擦や空気抵抗により，速さは減少してしまう.

## 3.2.2　第二法則：運動の法則

「質量 $m$ の質点に力 $\boldsymbol{F}$ がはたらくとき，質点には力 $\boldsymbol{F}$ の大きさに比例し質量 $m$ に反比例する大きさをもつ加速度 $\boldsymbol{a}$ が，力の向きに生じる.」

もし質点に，二つ以上の力が同時にはたらくならば，$\boldsymbol{F}$ はそれらの合力を表す.

これを**運動の法則**といい，ふつうは数式を用いて

$$m\boldsymbol{a} = \boldsymbol{F} \quad \text{または} \quad m\frac{d\boldsymbol{v}}{dt} = \boldsymbol{F} \quad \text{または} \quad m\frac{d^2\boldsymbol{r}}{dt^2} = \boldsymbol{F} \tag{3.3}$$

と表される.

運動量 $\boldsymbol{p}$ $(= m\boldsymbol{v})$ を用いると，ニュートンの運動方程式 (3.3) は，

$$\frac{d\boldsymbol{p}}{dt} = \boldsymbol{F}$$

と表される.

式 (3.3) は**ニュートンの運動方程式**と呼ばれ，ニュートン力学の基礎方程式である．質量，力，加速度は，それぞれ独立した概念を持つ物理量であるが，ニュートンはそれらが式 (3.3) の関係を満たすことを見いだした．式 (3.3) は，より基本的な何かに基づいて証明された式ではない．式 (3.3) の正しさは，実験や観測によってのみ確認できる.

一般に，物理法則の正しさは，実験や観測によってのみ確認されるものである.

式 (3.3) は微分式を含んでおり，このような方程式を微分方程式という．ニュートンの運動方程式は位置ベクトルの時間に関する 2 階の微分方程式である.

2 次方程式などの代数方程式の解とは異なり，微分方程式を解くと，方程式を満たす関数が導かれる.

質量 1 kg の物体に 1 m/s$^2$ の加速度を生じさせる力の大きさを 1 N(ニュートン) という．1 N は，地上で質量 102 g の物体にはたらく重力の大きさにほぼ等しい.

### 3.2.3　第三法則：作用・反作用の法則

図 3.2 に示すように，二つの質点 A と B が互いに力を及ぼしあっているとき，質点 A が質点 B に及ぼす力 $\boldsymbol{F}_{\mathrm{BA}}$ とすると，質点 B が質点 A に及ぼす力 $\boldsymbol{F}_{\mathrm{AB}}$ は，直線 AB に平行で，大きさが等しく向きが反対である．すなわち $\boldsymbol{F}_{\mathrm{BA}} = -\boldsymbol{F}_{\mathrm{AB}}$．これを**作用・反作用の法則**という．

図 **3.2**

### 3.2.4　運動方程式の解

位置ベクトルに関するニュートンの運動方程式 (3.3) は，時間に関する 2 階微分方程式である．質点にはたらく力 $\boldsymbol{F}$ が与えられたとき，この微分方程式を解いて，各時刻における位置ベクトル $\boldsymbol{r}$ と速度 $\boldsymbol{v}$ を求めることにより，質点の運動を記述できる．

ニュートンの運動方程式 (3.3) を直交座標系で書くと，力 $\boldsymbol{F}$

$$\boldsymbol{F} = F_x\boldsymbol{e}_x + F_y\boldsymbol{e}_y + F_z\boldsymbol{e}_z \tag{3.4}$$

の $x$ 成分，$y$ 成分，$z$ 成分と $\boldsymbol{r} = x\boldsymbol{e}_x + y\boldsymbol{e}_y + z\boldsymbol{e}_z$ を用いて

$$\begin{aligned} m\frac{d^2x}{dt^2} &= F_x \\ m\frac{d^2y}{dt^2} &= F_y \\ m\frac{d^2z}{dt^2} &= F_z \end{aligned} \tag{3.5}$$

と書ける．$x$ 成分の微分方程式を解くには，時間に関して 2 回積分する必要があるので微分方程式の解は積分定数を 2 個含む．$y$ 成分，$z$ 成分の微分方程式についても同様なので，結局，運動方程式の解は 6 個の積分定数を含む．積分定数が任意定数のままのときは関数形のみが求められたことになる．このような解を微分方程式の**一般解**という．

さて，6 個の積分定数を決めるためには 6 個の条件が必要であり，通常，ある時刻 $t_0$ における位置ベクトル $\boldsymbol{r}_0$ と速度 $\boldsymbol{v}_0$ の $x$ 成分，$y$ 成分，$z$ 成分の計 6 個の条件，すなわち $x(t_0)$，$y(t_0)$，$z(t_0)$ および $v_x(t_0)$，$v_y(t_0)$，$v_z(t_0)$ を与える．これらを**初期条件**という．

**[例題 3.1]　質点の運動**

図 3.3 は，初期時刻 $t_0$ に $\boldsymbol{r}_0$ の位置にある質量 $m$ の質点が速度 $\boldsymbol{v}_0$ をもつとき，非常に短い時間間隔 $\Delta t$ 秒ごとの運動の様子を図解したものである．質点にはたらく力を $\boldsymbol{F}(t)$ として，時刻 $t_i = t_0 + \Delta t \cdot i \ (i = 1, 2, 3, \cdots)$ 秒における質点の位置ベクトルを $\boldsymbol{r}_i$，速度を $\boldsymbol{v}_i$ とおいた．この図を参照して，初期条件が与えられると，運動方程式に従って質点の運動が決定されることを説明せよ．

このように初期条件をあたえると，任意の時刻における質点の運動は完全に一義的に決定される．ニュートンの運動方程式が決定論的方程式であると言われるのはこのためである．

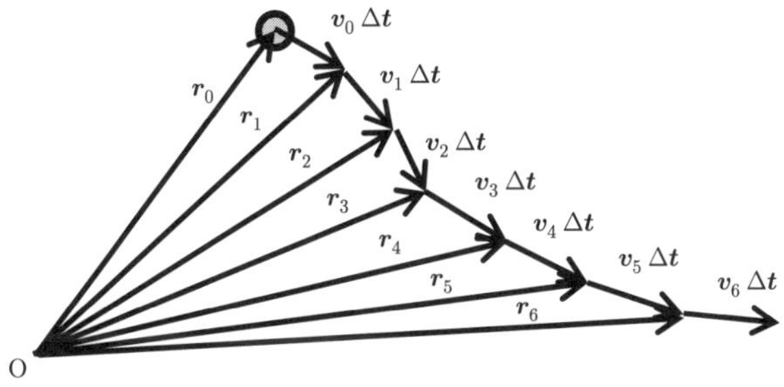


**図 3.3**

[解]　質点の従う運動方程式 $m\boldsymbol{a}(t) = \boldsymbol{F}(t)$ より，時刻 $t_0$ の加速度は

$$\boldsymbol{a}(t_0) = \frac{\boldsymbol{F}(t_0)}{m}$$

と書ける．$\Delta t$ 秒後に質点は $\boldsymbol{v}_0 \Delta t$ だけ移動するので，位置ベクトル $\boldsymbol{r}_1$ は，

$$\boldsymbol{r}_1 = \boldsymbol{r}_0 + \boldsymbol{v}_0 \Delta t$$

一方，速度は $\boldsymbol{a}(t_0)\Delta t$ だけ変化するので，$\boldsymbol{v}_1$ は

$$\boldsymbol{v}_1 = \boldsymbol{v}_0 + \boldsymbol{a}(t_0)\Delta t$$

したがって，時刻 $t_2$ に質点は $\boldsymbol{r}_2 = \boldsymbol{r}_1 + \boldsymbol{v}_1 \Delta t$ に移動し，その時の速度 $\boldsymbol{v}_2$ は，

$$\boldsymbol{v}_2 = \boldsymbol{v}_1 + \boldsymbol{a}(t_1)\Delta t$$

となる．ここで，時刻 $t_1$ には質点にはたらく力が $\boldsymbol{F}(t_1)$ に変化しているため，その時刻の加速度も $\boldsymbol{a}(t_1)$ に変化していることに注意．以上のように，運動方程式に従って時々刻々の位置と速度が決定されそれに従って質点が運動する．

## 3.3　重力の下での運動

実際にニュートンの運動方程式を解いて質点の運動を調べてみよう．ここでは，質点にはたらく力が重力の場合を考える．重力は厳密には地球の中心からの距離に依存するが，地表付近のみを考える場合には一定の力と考えて良い．重力加速度の大きさを $g$ とすると，質量 $m$ の質点には大きさ $mg$ の重力が鉛直下向きにはたらく．

重力加速度の大きさは地球上の場所や高度によって異なるが（付録を参照），1kg 重の定義値としては，$g = 9.80665$ m/s$^2$ が用いられる．

### 3.3.1　自 由 落 下

重力の下での質点の自由落下は 1 次元運動である．図 3.4 に示すように，鉛直上向きに $y$ 軸（単位ベクトルは $\boldsymbol{e}_y$）をとる．質量 $m$ の質点にはたらく重力は $-mg\boldsymbol{e}_y$ と表せるので，運動方程式は

$$m\ddot{y} = -mg \tag{3.6}$$

と書ける．両辺を $m$ で割ると，解くべき微分方程式は

式 (3.7) の意味は「質点の加速度 $\ddot{y}$ が定数 $-g$ に等しい」ということである．

$$\ddot{y} = -g \tag{3.7}$$

となる．方程式 (3.7) は右辺が定数であるから，両辺を時間で 1 回積分すると，

$$\dot{y} = v_y(t) = -gt + c_1 \quad (c_1 : \text{積分定数}) \tag{3.8}$$

となる．さらに，式 (3.8) をもう 1 回時間で積分すると

$$y(t) = -\frac{1}{2}gt^2 + c_1 t + c_2 \quad (c_1, c_2 : \text{積分定数}) \tag{3.9}$$

となる．高さ $h$ の位置から初速度 0 で自由落下させる場合，初期条件として，時刻 $t = 0$ で $y = h$，$\dot{y} = v_y = 0$ とすると，式 (3.8)，式 (3.9) より $c_1 = 0$，$c_2 = h$ となるので，時刻 $t$ における質点の速度

$$\dot{y} = v_y(t) = -gt \tag{3.10}$$

と位置

$$y(t) = -\frac{1}{2}gt^2 + h \tag{3.11}$$

が求まる．

**図 3.4**

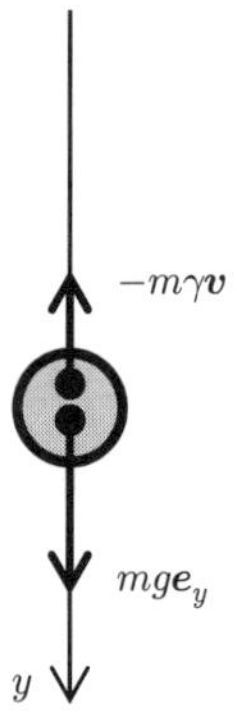


**図 3.5**

### 3.3.2 空気抵抗があるときの落下

3.3.1 節で求めた自由落下運動は，空気抵抗がある場合，どのように変化するだろうか．空気中を運動する物体が空気から受ける抵抗の大きさは，物体の速度が小さい場合には速さに比例し，図 3.5 に示すように抵抗力の向きは速度と逆向きである．この節では，後の便のため鉛直下向きを正の向きにして $y$ 軸をとる．$v_y = v$ とおいて，速さに比例する空気抵抗の大きさを $m\gamma v$ とおくと（$\gamma$ は空気抵抗の大きさを表す定数である），質点の運動方程式は

大きさが速さに比例する抵抗力を粘性抵抗，大きさが速さの 2 乗に比例する抵抗力を慣性抵抗という．

$$m\ddot{y} = mg - m\gamma v \tag{3.12}$$

と書ける．ここで，空気抵抗力は速度（運動方向）と反対向きにはたらくから負号をつける．$\ddot{y} = dv/dt$ であるから，両辺を $m$ で割ると式 (3.12) は

$$\frac{dv}{dt} = g - \gamma v \tag{3.13}$$

と書けるので，

$$\frac{dv}{\gamma v - g} = -dt \tag{3.14}$$

と変形して，両辺を積分すると，

$$\frac{1}{\gamma}\log|\gamma v - g| = -t + c_0 \quad (c_0 : \text{積分定数}) \tag{3.15}$$

となる．この式を書き直すと，

$$\gamma v - g = \pm e^{\gamma(-t+c_0)} = c_1 e^{-\gamma t} \quad (c_1 : \text{積分定数}) \tag{3.16}$$

すなわち，

$$v = \frac{1}{\gamma}(g + c_1 e^{-\gamma t}) \tag{3.17}$$

となる．ここで，$c_1 = \pm\exp(c_0\gamma)$ である．初期条件として，時刻 $t = 0$ で初速度 $v = 0$ とすると，式 (3.17) から $c_1 = -g$ となり，速度は

$\exp(x) = e^x$ のことである．

$$v(t) = \frac{g}{\gamma}(1 - e^{-\gamma t}) \tag{3.18}$$

と求まる．図 3.6 は，式 (3.18) に従う $v$ の時間変化の概略を表すグラフである．落下をはじめてから十分時間が経過すると，式 (3.18) は，$t \to \infty$ で $\exp(-\gamma t) \to 0$ となるので，$v \to g/\gamma$ となり，一定の速度になる．この速度を**終速度**または**終端速度**という．

このとき，質点にはたらく力は $mg - m\gamma v = 0$ となるので，質点は等速直線運動をする．雨滴が空から落ちてくるとき，空気抵抗があるので地上に到達する頃には終速度に近くなっている．もしも，空気抵抗がない空間を水滴が落下してくるとしたら，相当な速度にまで加速されていることになる．

雨滴の実際の終速度には，慣性抵抗力が関与している．

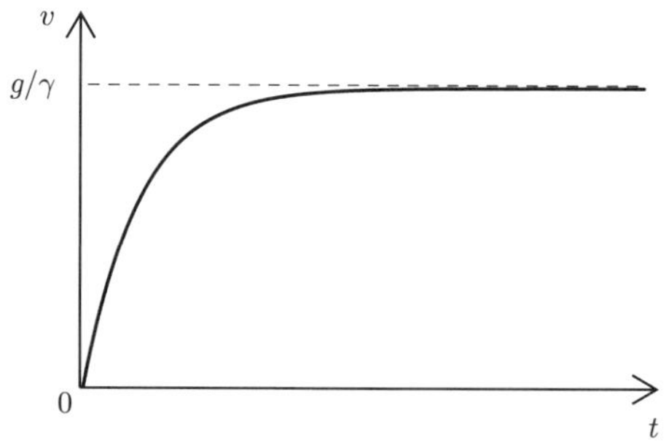


図 **3.6**

### 3.3.3 放物運動

ここでは空気抵抗を考えない重力の下での運動を扱う．仰角 $\theta$ で斜め上方に，初速度 $\boldsymbol{v}_0$ で投射された質量 $m$ の質点の運動を調べよう．図 3.7 に示すように，時刻 $t=0$ のときの質点の位置を原点にとり，水平方向に $x$ 軸，鉛直上向きに $y$ 軸をとった $xy$ 平面上での質点の軌道を求める．投射された後に質点にはたらく力は大きさ $mg$ の重力だけである．質点の位置ベクトルを $\boldsymbol{r}(t)$ とおくと，運動方程式は

$$m\frac{d^2\boldsymbol{r}}{dt^2} = -mg\boldsymbol{e}_y \tag{3.19}$$

と書ける．両辺から $m$ を落とすと，解くべき微分方程式は

$$\frac{d^2\boldsymbol{r}}{dt^2} = -g\boldsymbol{e}_y \tag{3.20}$$

となる．式 (3.20) を，$x$ 成分と $y$ 成分の式に分解すると，

$$\begin{cases} \ddot{x} = 0 \\ \ddot{y} = -g \end{cases} \tag{3.21}$$

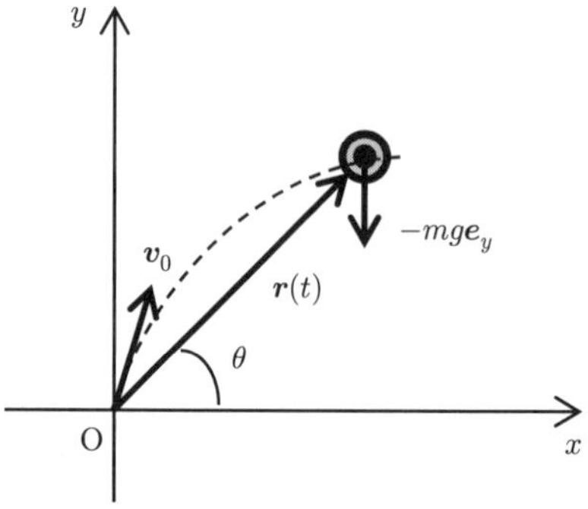


図 **3.7**

となる．$y$ 成分の微分方程式は自由落下の式 (3.7) と同じで，すでに解を求めた．$\boldsymbol{v}_0 = (v_0\cos\theta,\, v_0\sin\theta)$ であるから，初期条件として，$y(0) = 0$, $\dot{y}(0) = v_0\sin\theta$ を代入すればよい．その結果，

$$\dot{y} = v_y(t) = -gt + v_0\sin\theta \tag{3.22}$$

$$y(t) = -\frac{1}{2}gt^2 + (v_0\sin\theta)t \tag{3.23}$$

となる．

$x$ 成分の式は，$g = 0$ とおけば式 (3.7) と解き方は全く同じである．その結果は，

$$\dot{x} = v_x(t) = v_0\cos\theta \tag{3.24}$$

$$x(t) = (v_0\cos\theta)t \tag{3.25}$$

となる．

**問 3.1**　式 (3.23) と式 (3.25) の結果から，斜方投射された質点の軌道が放物線となることを示せ．

**問 3.2**　問 3.1 の放物線について，質点が最高点に達したときの高さ $h$ とその時の時刻 $t_h$ を $g$，$v_0$，$\theta$ を用いて表せ．

### [例題 3.2]　速度と軌道の関係

問 3.1 の条件で放物運動する質点の時刻 $t(> 0)$ における速度 $\boldsymbol{v}(t)$ の向きは，その瞬間の質点の位置での放物線の接線方向と一致することを示せ．

[解]　図 3.8 に示すように，水平方向に対する $\boldsymbol{v}(t)$ の仰角 $\varphi$ と放物線の接線の仰角 $\alpha$ が等しくなることを示せばよい．上で求めた運動方程式の解から，時刻 $t$ での質点の速度 $\boldsymbol{v}(t)$ は，

$$\boldsymbol{v}(t) = (v_0\cos\theta,\, -gt + v_0\sin\theta)$$

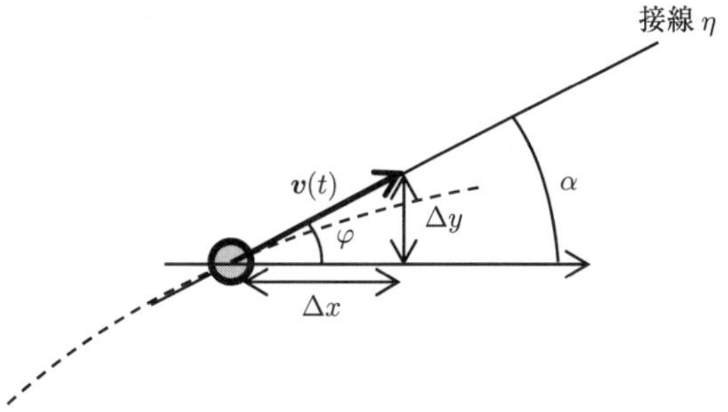


**図 3.8**

であるから，

$$\tan\varphi = \frac{v_y(t)}{v_x(t)} = \frac{-gt + v_0\sin\theta}{v_0\cos\theta}$$

一方，放物線の接線 $\eta$ の傾きは $\dfrac{dy}{dx}$ である．

$$\frac{dy}{dx} = \lim_{\Delta x\to 0}\frac{\Delta y}{\Delta x} = \tan\alpha$$

$\tan\varphi = \dfrac{v_y(t)}{v_x(t)} = \dfrac{dy/dt}{dx/dt} = \dfrac{dy}{dx}$ なので，このことは放物運動に限らず成り立つ

より，問 3.1 で導いた 2 次関数を $x$ で微分し，$x(t) = (v_0\cos\theta)t$ を代入すると，

$$\tan\alpha = \frac{dy}{dx} = \frac{-gx}{v_0^2\cos^2\theta} + \frac{\sin\theta}{\cos\theta} = \frac{-gt + v_0\sin\theta}{v_0\cos\theta}$$

よって，$\tan\varphi = \tan\alpha$ が示された．

## 3.4　束 縛 運 動

ジェットコースターのように，あらかじめ決められた軌道上を物体が運動するときには，物体を軌道上に固定するための力が必ずはたらいている．このような力を束縛力といい，**束縛力**を受けて物体が行う運動を**束縛運動**という．

### 3.4.1　振り子にはたらく力

もっとも簡単な束縛運動の例として，質量 $m$ の質点を伸び縮みのしない糸でつるした振り子の運動を考えよう．振り子の運動範囲は糸によって束縛されている．図 3.9 は，振り子が静止しているときに質点にはたらく力を，質点を拡大して図示したものである．質点には重力 $-mg\boldsymbol{e}_y$ と糸からの張力 $\boldsymbol{T}$ がはたらく．質点の位置ベクトルを $\boldsymbol{r}$ とおいて，質点の運動方程式を書くと，

$$m\frac{d^2\boldsymbol{r}}{dt^2} = -mg\boldsymbol{e}_y + \boldsymbol{T} \tag{3.26}$$

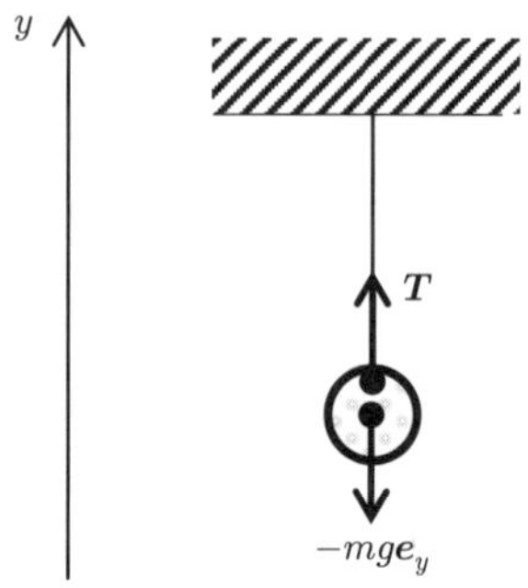


図 **3.9**

となるが，質点は静止しているので，$\boldsymbol{r}$ は定ベクトルであり，それを時間で微分して得られる速度も加速度もゼロとなる．したがって，式 (3.26) の左辺はゼロに等しく，運動方程式は，力のつり合い

$$-mg\boldsymbol{e}_y + \boldsymbol{T} = 0 \tag{3.27}$$

を表す式となる．

**問 3.3**　図 3.9 において質点が糸に及ぼす張力を図中に書き入れて，張力の大きさを書け．

つぎに図 3.10(a) は，鉛直面内で円周上を運動している振り子が鉛直下向きに対して角度 $\theta$ 傾いたときにはたらく力を図示したものである．ここで空気抵抗は考えない．質点には重力 $-mg\boldsymbol{e}_y$ と糸からの張力 $\boldsymbol{T}$ がはたらくが，糸が鉛直方向にないときには，これらの力の方向は同じではなく，これらの合力 $\boldsymbol{F}$ が現れる．図 3.10(b) に示すように，$\boldsymbol{F}$ は円軌道の接線方向には向いていない．これは，運動方程式 (3.26) に従って $\boldsymbol{T}$ の大きさを表すと，

合力 $\boldsymbol{F}$ が質点にはたらくと考えるときには，図 3.10(b) に示すように，重力と糸からの張力のベクトルは考えない．

$$T = mg\cos\theta + m\frac{v^2}{r} \tag{3.28}$$

となるためである．式 (3.28) の右辺第 2 項は向心力を表す．ここで，振り子の速さを $v$，糸の長さを $r$ とおいた．

ここでは慣性系（静止座標系）で運動を記述しているので遠心力は現れない．遠心力については 10 章を参照せよ．

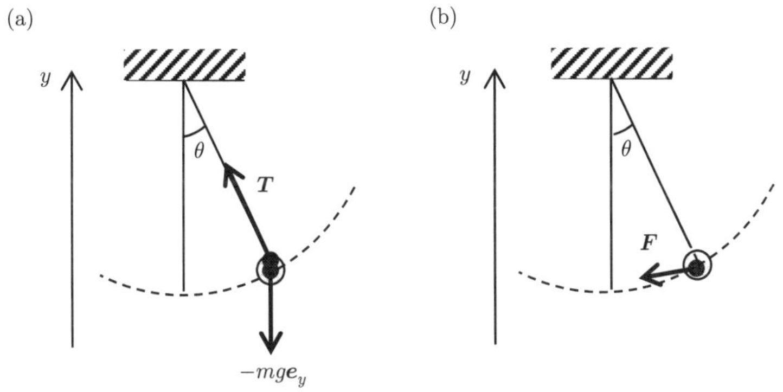


**図 3.10**

ここで示した張力のように，一般に，束縛力の大きさや向きは，物体の位置や速度によって変化する．

## 3.4.2　摩擦のない床の上の運動

空気抵抗を考えない場合に振り子にはたらく張力や，摩擦のない床の上に質点を束縛する垂直抗力を**なめらかな束縛力**という．

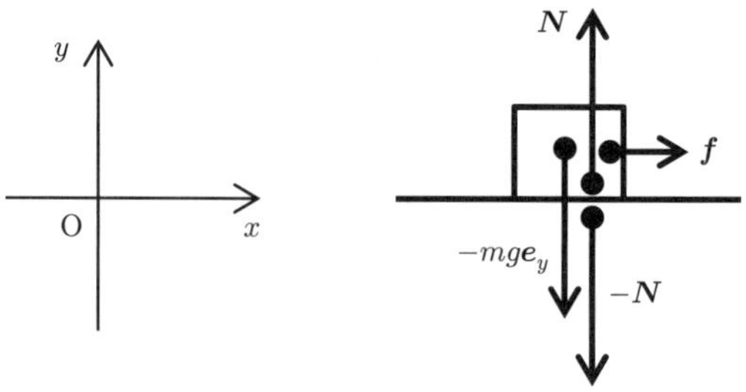


図 3.11

図 3.11 は，水平で摩擦のない床の上にある質点を，水平方向に一定の力 $\boldsymbol{f}$ で引っ張ったときに，質点にはたらく力を図示したものである．図のように鉛直上向きに $y$ 軸，力 $\boldsymbol{f}$ の向きに $x$ 軸をとる．質量 $m$ の質点には $\boldsymbol{f}$ 以外に重力 $-mg\boldsymbol{e}_y$ と床からの垂直抗力 $\boldsymbol{N}$ がはたらく．一方，質点が床に及ぼす力は $-\boldsymbol{N}$ と書ける．質点の位置ベクトル $\boldsymbol{r} = (x, y)$ とおいて，運動方程式を書くと，

$$m\frac{d^2\boldsymbol{r}}{dt^2} = -mg\boldsymbol{e}_y + \boldsymbol{N} + \boldsymbol{f} \tag{3.29}$$

これを $x$ 成分と $y$ 成分の方程式に分けると，

$$\begin{cases} m\ddot{x} = f \\ m\ddot{y} = -mg + N \end{cases} \tag{3.30}$$

質点は床にめり込まないから，質点が運動している間 $y =$ 一定 である．したがって $\dot{y} = \ddot{y} = 0$ だから，運動方程式の $y$ 成分は，力のつり合い $N = mg$ を表す式になる．

**問 3.4** 質点は，$x$ 方向にはどのような運動をするか．

[例題 **3.3**]

摩擦のない傾斜角 $\theta$ の斜面の上に質量 $m$ の質点をおく．図 3.12 に示すように，斜面に平行に $x$ 軸，斜面に垂直上向きに $y$ 軸をとり，質点が $x$ 方向にどのような運動をするか調べよ．

[解] 質点にはたらく力は，重力 $m\boldsymbol{g}$，垂直抗力 $\boldsymbol{N}$ である．重力の $x$ 成分と $y$ 成分は，それぞれ $mg\sin\theta$，$mg\cos\theta$ であるから，式 (3.30) にならって，運動方程式をそれぞれの成分に分けて書くと，

$$\begin{cases} m\ddot{x} = mg\sin\theta \\ m\ddot{y} = -mg\cos\theta + N \end{cases} \tag{3.31}$$

運動方程式の $y$ 成分は，図 3.11 の $y$ 成分と同様な考察から，力のつり合いを表す式になる．$x$ 成分の式から $\ddot{x} = g\sin\theta$ が得られるので，質点は $x$ 方向に加速度の大きさが $g\sin\theta$ の等加速度直線運動をすることがわかる．

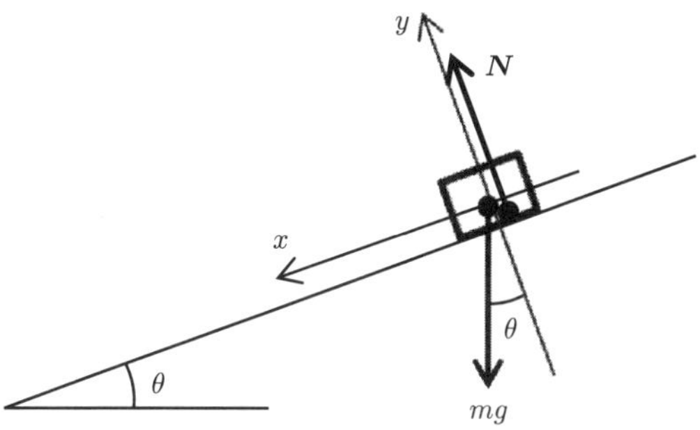


図 3.12

**問 3.5**　式 (3.31) の運動方程式を解いて，時刻 $t$ における質点の速度 $v = \dot{x}$ と位置 $x$ を $t$ の関数で表せ．

## 3.4.3　摩擦のある床での静止状態

摩擦のある水平の床の上では，図 3.11 のように物体に力 $\boldsymbol{f}$ を加えても力が弱ければ物体は静止したままである．これは床から物体に摩擦力 $-\boldsymbol{f}$ がはたらき，物体を引く力 $\boldsymbol{f}$ とつり合うためと考えられる．

力 $\boldsymbol{f}$ を大きくしていくと物体は動き始める．物体が動く直前の摩擦力を**最大静止摩擦力**といい，その大きさは物体にはたらく垂直抗力にほぼ比例することが知られている．最大静止摩擦力の大きさを $f_{\mathrm{M}}$，垂直抗力の大きさを $N$ とすると，

$$f_{\mathrm{M}} = \mu N \tag{3.32}$$

の関係がある．$\mu$ を**静止摩擦係数**といい，その値は接触している物質に依存する．

**[例題 3.4]　摩擦角**

質量 $m$ の質点を摩擦のある傾斜面に置く．図 3.13 に示すように，傾斜角 $\theta_{\mathrm{M}}$ で質点が斜面をすべり始めた．すべり始めた瞬間に質点には最大静止摩擦力 $\boldsymbol{f}_{\mathrm{M}}$ がはたらいていたとみなして，静止摩擦係数 $\mu$ を $\theta_{\mathrm{M}}$ で表せ．$\theta_{\mathrm{M}}$ を**摩擦角**という．

[解]　質点にはたらく力は，重力 $m\boldsymbol{g}$，垂直抗力 $\boldsymbol{N}$ と最大静止摩擦力 $\boldsymbol{f}_{\mathrm{M}}$ である．図 3.13 のように斜面に平行に $x$ 軸，斜面に垂直上向きに $y$ 軸をとる．質点は静止しているから，それぞれの方向の力のつり合いの式を書くと

$$\begin{cases} mg\sin\theta_{\mathrm{M}} - f_{\mathrm{M}} &= 0 \\ -mg\cos\theta_{\mathrm{M}} + N = 0 \end{cases} \tag{3.33}$$

$x$ 方向の力のつり合いの式から，$f_{\mathrm{M}} = mg\sin\theta_{\mathrm{M}}$．$y$ 方向の力のつり合いの式から $N = mg\cos\theta_{\mathrm{M}}$ なので，式 (3.32) に代入すると，

$$f_{\mathrm{M}} = \mu N = \mu mg\cos\theta_{\mathrm{M}} = mg\sin\theta_{\mathrm{M}} \tag{3.34}$$

したがって，

$$\mu = \frac{\sin\theta_{\mathrm{M}}}{\cos\theta_{\mathrm{M}}} = \tan\theta_{\mathrm{M}} \tag{3.35}$$

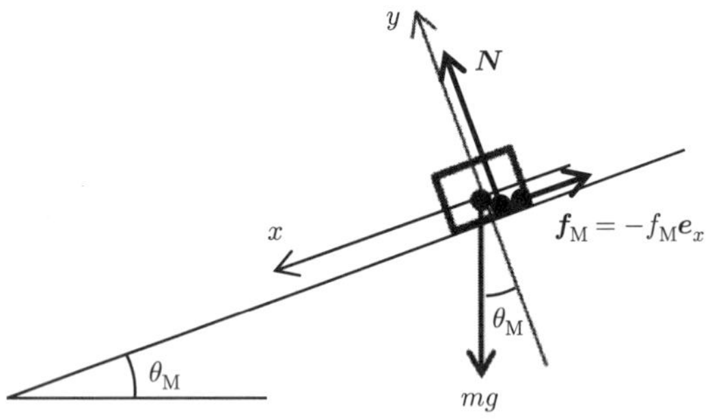


図 **3.13**

### コラム：慣性質量と重力質量

物体にはたらく重力の大きさは，物体の大きさや密度に比例して変化する．物体がもつ，このような性質を表現する定数を $m_w$ とおいて，重力の大きさを $m_w\alpha$ と書こう．ここで $\alpha$ は，ある比例定数である．さて，この物体が自由落下しているときの運動方程式は，物体の質量を $m$ とすると，

$$m\ddot{y} = -m_w\alpha$$

と書ける．ここでは図 3.4 に従って鉛直上向きを $y$ 軸の正の向きとした．一方，空気抵抗のない自由落下では，あらゆる物体は大きさ $g$ の加速度で等加速度直線運動することが知られている．すなわち，上の式を $m$ で割って，

$$\ddot{y} = -\frac{m_w}{m}\alpha = -g$$

と書くことができる．この結果は，$\alpha = g$ となるように $m_w$ を決めようとすると，$m_w = m$ でなければならないことを示している．物体にはたらく重力の大きさを与えるために導入した $m_w$ が，質量 $m$ と同等でなければならないのである．$m_w$ を重力質量といい，$m$ は，より正確には慣性質量という．質量 $m$ は無重力状態でも物体に備わっている物理量であるから，$m_w$ と異なる性質の物理量であると考えられるが，このことはニュートンよりずっと後の時代になってから認識された．

### 3.4.4　摩擦のある床の上の運動

摩擦のある床の上で物体が運動するときも，物体にはたらく摩擦力は物体にはたらく垂直抗力にほぼ比例する．運動する物体にはたらく摩擦力を**動摩擦力**という．動摩擦力の大きさを $f'$，垂直抗力の大きさを $N$ とすると，これらの間には

$$f' = \mu' N \tag{3.36}$$

の関係がある．$\mu'$ を**動摩擦係数**という．接触している物質が同じであれば，$\mu'$ は $\mu$ よりも小さな値となる．

**[例題 3.5]**

図 3.14 に示すように，傾斜角 $\theta$ の摩擦のある斜面を質量 $m$ の質点がすべり降りている．動摩擦係数を $\mu'$ とするとき，質点の加速度 $\ddot{x}$ を $g$，$\mu'$，$\theta$ を用いて表せ．

[解]　質点にはたらく力は，重力 $m\boldsymbol{g}$，垂直抗力 $\boldsymbol{N}$ と動摩擦力 $\boldsymbol{f}'$ である．図に示すように斜面に平行に $x$ 軸，斜面に垂直上向きに $y$ 軸をとる．質点の従う運動方程式を $x$ 成分と $y$ 成分に分けて書くと，

$$\begin{cases} m\ddot{x} = mg\sin\theta - f' \\ m\ddot{y} = -mg\cos\theta + N \end{cases} \tag{3.37}$$

$y$ 成分の式は力のつり合いの式になるので，$N = mg\cos\theta$ となる．式 (3.36) を使うと，

$$f' = \mu' mg\cos\theta \tag{3.38}$$

これを $x$ 成分の式に代入すると，

$$m\ddot{x} = mg\sin\theta - \mu' mg\cos\theta = mg(\sin\theta - \mu'\cos\theta) \tag{3.39}$$

したがって質点の加速度は，

$$\ddot{x} = g(\sin\theta - \mu'\cos\theta) \tag{3.40}$$

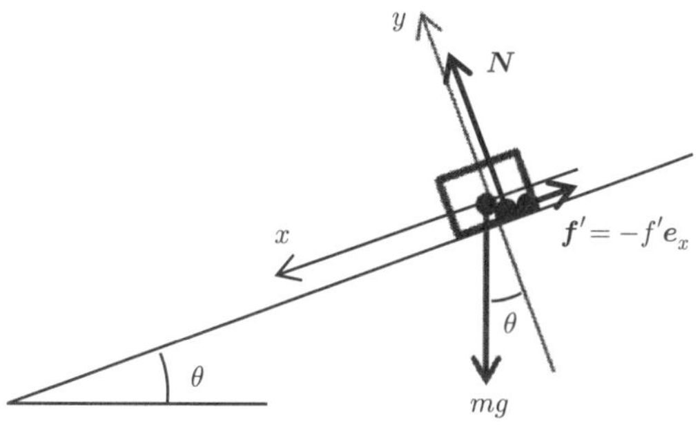


図 **3.14**

**問 3.6** 式 (3.40) は，$\mu'$ が大きい場合や $\theta$ が小さい場合に $\ddot{x}$ が負の定数になることを許容する．$\ddot{x}$ が正、ゼロ、負のそれぞれの場合について，摩擦のある床の上の質点の運動について説明せよ．

## 章末問題 3

— **A** —

**3.1** 図に示したように三つの力がつりあっている．ひとつの力の大きさが 10 N であるとき，ほかの力 $\boldsymbol{F}_1$，$\boldsymbol{F}_2$，$\boldsymbol{F}_3$，$\boldsymbol{F}_4$ の大きさを求めよ．必要ならば，$\sin 45^\circ = \cos 45^\circ \approx 0.707$，$\sin 30^\circ = \cos 60^\circ \approx 0.5$，$\cos 30^\circ = \sin 60^\circ \approx 0.866$ を用いよ．

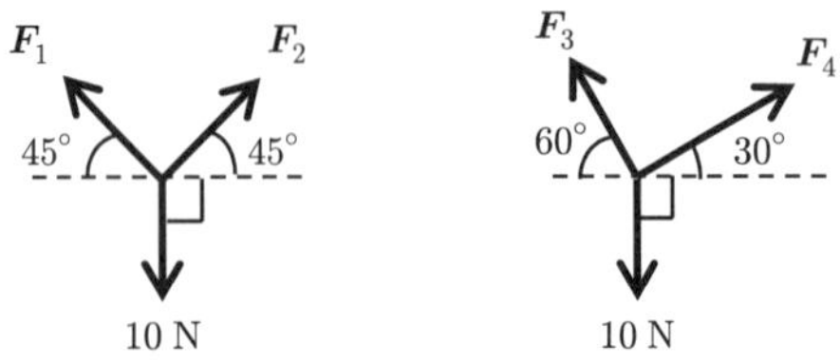


**3.2** 一様な重力の下で質量 $m$ の質点を鉛直上方に投げ上げたときの運動について考える．以下で，$y$ 軸の正の向きを鉛直上向きにとり，時刻 $t$ における質点の座標を $y$ とする．また重力加速度の大きさは $g$ とおき，空気抵抗はないとする．

(a) 質点の運動方程式を書け．

(b) 時刻 $t = 0$ で質点は原点にあり，初速度 $v_0$ で鉛直上方に投げたとする条件で運動方程式を解き，質点が原点に戻るのに要する時間 $t$，及びそのときの質点の速度 $v$ を求めよ．

**3.3** 図 3.10 に示すように，振り子が鉛直下向きに対して $\theta$ 傾いて静止した瞬間に，おもり（質量は $m$ とする）にはたらく力の合力の大きさと向きを言え．ただし，空気抵抗は無視し，重力加速度の大きさは $g$ とする．また糸の質量は $m$ に対して無視できるぐらい小さいとする．

**3.4** 傾斜角 10° の摩擦のある斜面の上に置かれている質量 40 kg の物体を押し上げたい．はじめに物体が動きだすときには，斜面に沿って最低何 N の大きさの力を加えなければならないか．ただし，静止摩擦係数は 0.2，重力加速度の大きさは 9.8 m/s$^2$ とする．必要ならば，$\sin 10^\circ \approx 0.1736$，$\cos 10^\circ \approx 0.9848$ を用いよ．

— **B** —

**3.5** 地上 10000 m の高さで質量 $m$ の物体を初速度 $v_0$ で水平に発射する．ただし空気抵抗は無視し，重力加速度の大きさを 9.8 m/s$^2$ とする．

(a) 物体が水平方向に $x$ 進んだときの落下距離 $y$ を $x$，$v_0$ を用いて表せ．

(b) 地球を半径 6400km の球と仮定すると，発射点から水平方向に直線距離 10000 m 進んだとき，地表は約何 m 下方に移動しているか．

(c) 上の 2 つの結果から，物体が地上に衝突しないで地球を 1 周するために必要な初速度 $v_0$ m/s は，いくら以上でなければならないか．

**3.6** 一様な重力の下で質量 $m$ の質点を鉛直上方に投げ上げたときの運動について考える．ただし質点には，その大きさが速さに比例する空気抵抗（$m\gamma|\dot{x}|$）がはたらく．ここで $\gamma$ は比例定数である．また重力加速度の大きさは $g$ とする．

(a) 鉛直上向きを $x$ 軸の正の向きにとり，質点が従う運動方程式を書け。

（b） 時刻 $t=0$ で質点は原点にあり初速度 $v_0$ で鉛直上方に投げたとする条件で運動方程式を解き，時刻 $t$ における質点の速度 $v$ を求めよ．

（c） 速さに比例する空気抵抗がはたらくとき，$t \to \infty$ の極限で質点はどのような運動をするか説明せよ．

**3.7** 前方 4m，高さ 1m にある的に向かって仰角 $\alpha$，初速度 $v_0$ m/s で質量 $m$ の物体を投てきする．ただし重力加速度は $g$ m/s$^2$ で空気抵抗は無いものとする．

（a） 初めに物体のある位置を原点とし，的に真向かって水平方向に $x$ 軸，鉛直上向きに $y$ 軸をとる．$x$，$y$ それぞれの成分の運動方程式をたてよ．

（b） 運動方程式を解いて，ある時刻の物体の高さ $y$ を $x$ の関数で表せ．

（c） 物体が的に命中するとき，$\tan\alpha$ を $v_0$，$g$ を用いて表せ．

（d） 物体が的に命中するために与えなければならない最小の初速度 $v_0$，及びそのときの $\tan\alpha$ を求めよ．ただしこの問では $g=9.8$ m/s$^2$ とする．

**3.8** 一様な重力の下で，質点に大きさが速さの 2 乗に比例する空気抵抗（$m\gamma\dot{y}^2$）がはたらいて落下するときの運動について考える．ここで $\gamma$ は比例定数で，重力加速度の大きさは $g$ とする．

（a） 鉛直下向きを $y$ 軸の正の向きに取り，質点の従う運動方程式を書け．

（b） 時間が十分経過した後，速度は一定の終速度 $v_\infty$ に近づく．$v_\infty$ を運動方程式の一般解を使わずに導け．

（c） 運動方程式を解いて，$t=0$ のとき $v=0$ を満たす $t$ の関数 $v$ を導け．

# 4
# 振　　動

振動はさまざまな物理現象で見られる運動形態である．楽器の弦や振り子の振動は身近な例であろう．楽器から聞こえてくる音の正体は空気の振動である．交流回路を流れる電流の周期的な変化も振動の一種と見ることができる．本章では，振動が運動方程式に基づいてどのように記述されるかについて学ぶ．振動の運動方程式と関係が深い線形微分方程式の解法についても学ぶ．

## 4.1 単 振 動

はじめに，振動のもっとも簡単な例として，バネにつけたおもりの運動を考えよう．図 4.1 のように，質量 $m$ のおもりをつけたバネを水平な床の上に置き，バネの他端を固定する．おもりを引いて放すと，おもりはバネに引かれて運動しはじめる．おもりには，鉛直方向に重力と床からの垂直抗力がはたらくが，これらの力はつり合っているため（合力 $= 0$），おもりは鉛直方向には運動しない．水平方向には，バネの復元力と床との摩擦や空気抵抗などの抵抗力がはたらく．ここでは，抵抗力を無視し，バネの復元力のみによっておもりがどのような運動をするかを調べる．

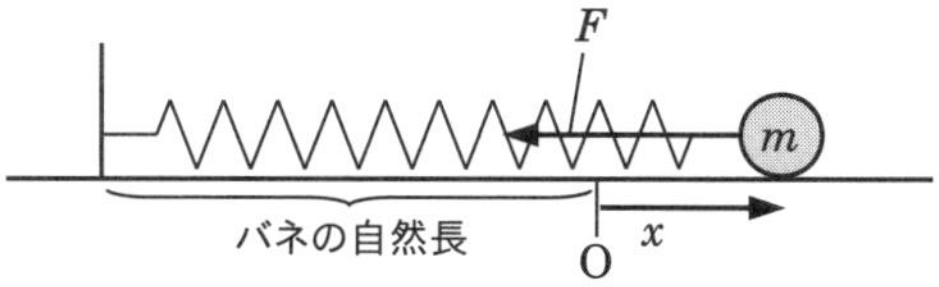


**図 4.1**　バネにつけられたおもり

バネが伸び縮みする方向に $x$ 軸をとり，バネが自然の長さになったときのおもりの位置を $x$ 軸の原点 O と定義しよう．そうすると，位置 $x$ にあるおもりに作用するバネの復元力は，バネ定数を $k$ として，

$$F = -kx \tag{4.1}$$

と表せるので（フックの法則），おもりの運動方程式は

$$m\ddot{x} = -kx \tag{4.2}$$

となる．両辺を $m$ で割り，

$$\omega^2 = \frac{k}{m} \tag{4.3}$$

とおくと，運動方程式は

$$\ddot{x} = -\omega^2 x \tag{4.4}$$

と書ける．

運動方程式 (4.4)は余弦関数 $\cos\omega t$ と正弦関数 $\sin\omega t$ を解にもつことが，実際に代入してみるとすぐにわかる*．これら二つの解を定数倍して足し合わせたもの（線形結合という）

運動方程式 (4.4) と関連する線形微分方程式の解法を 4.2 節で述べる．

$$x(t) = C_1\cos\omega t + C_2\sin\omega t \quad (C_1 \text{ と } C_2 \text{ は任意の定数}) \tag{4.5}$$

を考えると，これもまた同じ微分方程式の解になることに注意しよう．この解は，二つの任意定数を含んでいるので，2 階微分方程式 (4.4)の一般解である．

式 (4.5)の定数を $C_1 = A\cos\alpha$，$C_2 = -A\sin\alpha$ とおけば，

$$x(t) = A\cos(\omega t + \alpha) \tag{4.6}$$

と表せる．また，$C_1 = A\sin\alpha$，$C_2 = A\cos\alpha$ とおけば，

$$x(t) = A\sin(\omega t + \alpha) \tag{4.7}$$

と表すこともできる．

式 (4.6)や (4.7)のように，時間 $t$ の余弦関数または正弦関数で表される周期的な運動を**単振動**とよび，$|A|$ を**振幅**，$\omega$ を**角振動数**，$\omega t + \alpha$ を**位相**，$\alpha$ を**初期位相**という．単振動は，式 (4.1)のような変位に比例する復元力によって起こる運動である．

**問 4.1**　単振動する物体の速度 $v$ は，変位 $x$ よりも $\pi/2$ だけ位相が進んだ単振動をすることを示せ．

振幅 $A$ と初期位相 $\alpha$ は初期条件から決まる．例えば，時刻 $t = 0$ でおもりを位置 $x = x_0$ から静かに放した場合，すなわち，

$$x(0) = x_0, \quad \dot{x}(0) = 0 \tag{4.8}$$

を考えると，式 (4.6)の $A$ と $\alpha$ は $A = x_0$，$\alpha = 0$ と決まり，式 (4.7)では $A = x_0$，$\alpha = \pi/2$ となる．いずれにせよ，この場合のおもりの運動は $x(t) = x_0\cos\omega t$ で表される．

**問 4.2**　式 (4.6)で表される単振動の振幅 $A$ と初期位相 $\alpha$ を初期条件 $x(0) = x_0$, $\dot{x}(0) = v_0$ を満たすように定めよ．

角振動数 $\omega$ は，振幅 $A$ や初期位相 $\alpha$ と異なり，振動系自身に備わっている性質だけに関係した量であり，その振動系に固有のものである*．このような意味で，$\omega$ を**固有角振動数**とよぶことがある．

ここで考えたバネとおもりの系では，$\omega$ はバネ定数 $k$ とおもりの質量 $m$ だけで決まっている．

位相 $\omega t + \alpha$ は時間の経過とともに増加する．位相が $2\pi$ 増加すると振動が 1 回起こり，運動状態が完全にもとに戻る．この 1 回の振動に要する時間を**周期**という．位相は単位時間あたり $\omega$ 増加するので，周期 $T$ と角振動数 $\omega$ の間には

$$T = \frac{2\pi}{\omega} \tag{4.9}$$

の関係がある．周期の逆数

$$\nu = \frac{1}{T} = \frac{\omega}{2\pi} \tag{4.10}$$

を**振動数**とよぶ*．これは単位時間にくり返される振動の回数を表している．

1 秒間あたりの振動数を表す単位をヘルツとよび，これを Hz と表記する．すなわち，

$$1\ \mathrm{Hz} = 1\ \mathrm{s}^{-1}$$

である．

式 (4.3)と (4.9)から，バネにつけたおもりの単振動の周期は

$$T = 2\pi\sqrt{\frac{m}{k}} \tag{4.11}$$

で与えられることがわかる．バネ定数 $k$ が小さく（復元力が弱く），質量 $m$ が大きい（慣性が大きい）ほど周期 $T$ は長くなり，振動はゆっくりしたものになる．

## 単振動の例

**■単振り子の微小振動**　図 4.2 のように，糸の一端に質量 $m$ のおもりをつけて他端を固定し，おもりを鉛直面内で振らせることを考える．このような振動装置は単振り子とよばれる．

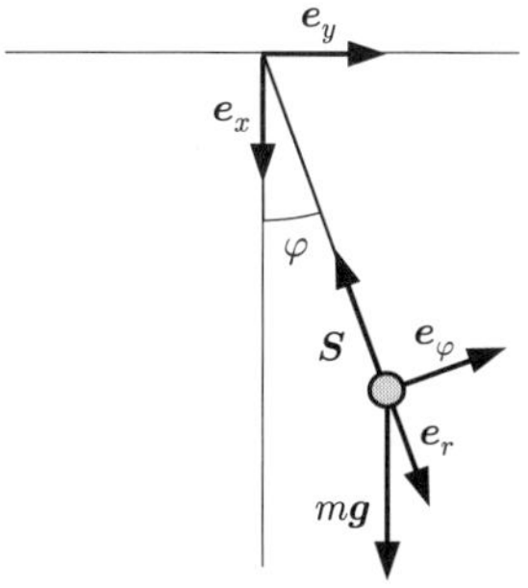


**図 4.2**　単振り子．$\boldsymbol{e}_x$ と $\boldsymbol{e}_y$ は二次元デカルト座標の単位ベクトル，$\boldsymbol{e}_r$ と $\boldsymbol{e}_\varphi$ は二次元極座標の単位ベクトルである．おもりには重力 $m\boldsymbol{g} = mg\boldsymbol{e}_x$ と糸の張力 $\boldsymbol{S} = -S\boldsymbol{e}_r$ がはたらく．

おもりの運動方程式は

$$m\ddot{\boldsymbol{r}} = mg\boldsymbol{e}_x - S\boldsymbol{e}_r \tag{4.12}$$

と書ける．糸の長さを $l$ とすれば，$\boldsymbol{r} = l\boldsymbol{e}_r$ である．運動方程式 (4.12)を動径方向（$\boldsymbol{e}_r$ 方向）成分と方位角方向（$\boldsymbol{e}_\varphi$ 方向）成分に分けると

$$\boldsymbol{e}_r \text{ 方向：} \quad -ml\dot{\varphi}^2 = mg\cos\varphi - S \tag{4.13}$$

$$\boldsymbol{e}_\varphi \text{ 方向：} \quad ml\ddot{\varphi} = -mg\sin\varphi \tag{4.14}$$

が得られる（問 4.3）．

微分方程式 (4.14)から振れ角 $\varphi$ の時間変化，すなわち，振り子の振動の様子がわかるが，これは単振動の運動方程式とは異なる形をしている．しかし，振れ角が小さいときには（$\varphi \ll 1$），$\sin\varphi \simeq \varphi$ と近似できるので，式 (4.14)は

$$\ddot{\varphi} = -\frac{g}{l}\varphi \tag{4.15}$$

となり，単振動の運動方程式 (4.4)と同形になる．したがって，単振り子の微小振動は単振動であり，その角振動数は $\omega = \sqrt{g/l}$，周期は

$$T = 2\pi\sqrt{\frac{l}{g}} \tag{4.16}$$

である．糸の長さ $l$ を 1 m とすると，この周期は約 2 秒になる．

**問 4.3**　単振り子の運動方程式 (4.13)と (4.14)を導け (2.5 節を参照)．

**■$LC$ 回路を流れる電流**　図 4.3 のような，自己インダクタンス $L$ のコイルと電気容量 $C$ のコンデンサーとで構成される $LC$ 回路を考える．スイッチをまず $\mathrm{P}_1$ につないでコンデンサーを充電したのちに $\mathrm{P}_2$ に切りかえると，$LC$ 回路に電流が流れる．この電流 $I$ の時間変化が単振動になることを示そう．

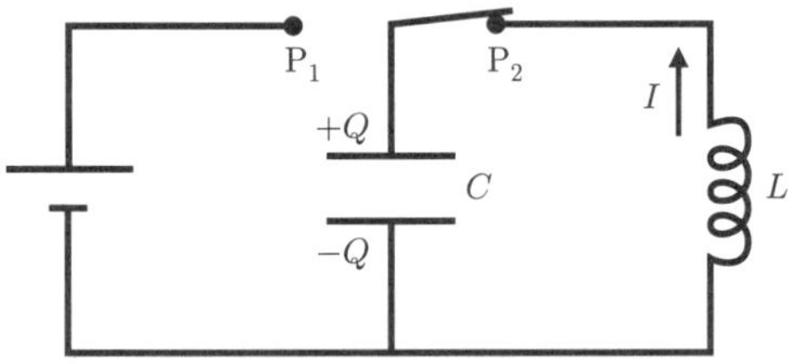


**図 4.3**　$LC$ 回路

図のように電流 $I$ の向きを決めると $I$ は，

$$I = \frac{dQ}{dt} \tag{4.17}$$

と表せる．電流 $I$ が時間変化するとコイルには逆起電力

$$-L\frac{dI}{dt} = -L\frac{d^2Q}{dt^2} \tag{4.18}$$

が生じる．これはコンデンサーの極板間の電位差 $Q/C$ と等しいので，

$$L\frac{d^2Q}{dt^2} = -\frac{1}{C}Q \tag{4.19}$$

が成り立つ．この微分方程式は単振動の運動方程式 (4.2)と同じ形をしており，

$$L \Longleftrightarrow m, \quad \frac{1}{C} \Longleftrightarrow k \tag{4.20}$$

の対応関係がある．したがって，電荷 $Q$ は周期

$$T = 2\pi\sqrt{LC} \tag{4.21}$$

で単振動する．電流 $I$ も同じ周期で単振動することが式 (4.17)からわかる．

## 4.2　線形微分方程式

単振動の運動方程式は，2 階微分方程式

$$\frac{d^2x}{dt^2} + p(t)\frac{dx}{dt} + q(t)x = f(t) \tag{4.22}$$

の特別な場合と見ることができる．方程式 (4.22)の特徴は，未知関数 $x(t)$ に関する 1 次式になっていることである．このような方程式を**線形微分方程式**という．これに対して，$x^2$，$x^3$，$\sin x$，$(dx/dt)^2$ などの非線形な項を含む微分方程式は**非線形微分方程式**とよばれる*．また，$f(t) = 0$ の場合を**同次方程式**，$f(t) \neq 0$ の場合を**非同次方程式**という．

本節では，同次線形微分方程式の解法に関する基礎的なことがらを説明する．

*単振り子の運動方程式 (4.14)は，非線形微分方程式の例である．

### 4.2.1　同次線形微分方程式と線形結合

同次線形微分方程式

$$\frac{d^2x}{dt^2} + p(t)\frac{dx}{dt} + q(t)x = 0 \tag{4.23}$$

は以下の性質をもつ．$x = x_1(t)$ が微分方程式の一つの解ならば，それを定数倍したもの $Cx_1(t)$ も解である．さらに，$x_1(t)$ と $x_2(t)$ が解ならば，それらの線形結合

$$C_1x_1(t) + C_2x_2(t) \quad (C_1 \text{ と } C_2 \text{ は任意の定数}) \tag{4.24}$$

も同じ方程式の解である．これらのことは，明らかに任意の階数の同次線形微分方程式について成り立つ．

### 4.2.2 定数係数の同次線形微分方程式

係数 $p(t)$ と $q(t)$ が定数の（$t$ に依存しない）場合の 2 階同次線形微分方程式

$$\frac{d^2x}{dt^2}+p\frac{dx}{dt}+qx=0 \tag{4.25}$$

を考える．

この微分方程式は同次線形なので，$x_1(t)$ と $x_2(t)$ が解ならば，それら線形結合

$$x(t)=C_1x_1(t)+C_2x_2(t) \quad (C_1 \text{ と } C_2 \text{ は任意の定数}) \tag{4.26}$$

も解になる．線形結合 (4.26)は，任意定数を二つ含むので，2 階同次線形微分方程式 (4.25)の一般解を与える．ただし，$x_1(t)$ と $x_2(t)$ は「独立」でなければならない．「独立」とは，$x_2(t)=Cx_1(t)$（$C$ は定数）のようには書けないということである．もし $x_1(t)$ と $x_2(t)$ が独立でなければ，(4.26)は $(C_1+C_2C)x_1(t)=C'x_1(t)$ となり任意定数が実質一つになってしまうので，2 階微分方程式の一般解にならない．

定数係数の 2 階同次線形微分方程式 (4.25)の独立な二つの解は次のようにして求めることができる．

指数関数 $x=e^{\lambda t}$ を方程式 (4.25)に代入すると，

$$(\lambda^2+p\lambda+q)e^{\lambda t}=0 \tag{4.27}$$

となるので，定数 $\lambda$ が 2 次方程式

$$\lambda^2+p\lambda+q=0 \tag{4.28}$$

の根であれば，$x(t)=e^{\lambda t}$ が解になることがわかる．式 (4.28)は，微分方程式 (4.25)の**特性方程式**とよばれる．

特性方程式 (4.28)が二つの異なる根 $\lambda_1, \lambda_2$ をもつ場合（$p^2-4q\neq 0$ の場合），$x_1(t)=e^{\lambda_1 t}$ と $x_2(t)=e^{\lambda_2 t}$ は独立な解である．したがって，これらの線形結合

$$x(t)=C_1e^{\lambda_1 t}+C_2e^{\lambda_2 t} \quad (C_1 \text{ と } C_2 \text{ は任意の定数}) \tag{4.29}$$

は微分方程式 (4.25)の一般解である．

特性方程式 (4.28)が重根 $\lambda_0=-p/2$ をもつ場合（$p^2-4q=0$ の場合）には，上に述べた方法からはただ一つの解 $x(t)=e^{\lambda_0 t}$ が得られるだけである．この場合には，以下に述べる定数変化法によって，それと独立な解を求めることができる．すなわち，$x(t)=A(t)e^{\lambda_0 t}$ とおいて，これを微分方程式に代入する．その結果は

$$\left[\frac{d^2A}{dt^2}+(2\lambda_0+p)\frac{dA}{dt}+(\lambda_0^2+p\lambda_0+q)A\right]e^{\lambda_0 t}=0 \tag{4.30}$$

となるが，$dA/dt$ と $A$ の係数は 0 になるので，結局，

$$\frac{d^2A}{dt^2} = 0 \tag{4.31}$$

が得られる．この方程式は二つの独立な解 $A(t) = 1$, $t$ をもつ．$A(t) = 1$ はすでに知っている解 $x(t) = e^{\lambda_0 t}$ に対応している．$A(t) = t$ はそれと独立な解 $x(t) = te^{\lambda_0 t}$ を与える．したがって，一般解は

$$x(t) = (C_1 + C_2 t)e^{\lambda_0 t} \quad (C_1 \text{ と } C_2 \text{ は任意の定数}) \tag{4.32}$$

と書ける．

### 4.2.3　単振動の運動方程式への応用

上で述べた同次線形微分方程式の解法を単振動の運動方程式

$$\frac{d^2x}{dt^2} + \omega^2 x = 0 \tag{4.33}$$

に適用してみよう．この微分方程式の特性方程式は

$$\lambda^2 + \omega^2 = 0 \tag{4.34}$$

である．これは $\lambda = \pm i\omega$ を根にもつので，独立な二つの解が $x_1(t) = e^{i\omega t}$, $x_2(t) = e^{-i\omega t}$ と得られる．よって，一般解は

$$x(t) = C_1 e^{i\omega t} + C_2 e^{-i\omega t} \quad (C_1 \text{ と } C_2 \text{ は任意の定数}) \tag{4.35}$$

と書ける．式 (4.35)において，$C_1 = C_2 = 1/2$ とおくと $x(t) = \cos\omega t$ となり，$C_1 = -C_2 = 1/2i$ とおくと $x(t) = \sin\omega t$ となる*．これらも互いに独立な解なので，一般解を 4.1 節の (4.5)と同じ式，すなわち，

$$x(t) = C_1 \cos\omega t + C_2 \sin\omega t \quad (C_1 \text{ と } C_2 \text{ は任意の定数}) \tag{4.36}$$

で表すともできる．

* オイラーの公式（付録を参照）

$$\cos\theta = \frac{1}{2}(e^{i\theta} + e^{-i\theta})$$
$$\sin\theta = \frac{1}{2i}(e^{i\theta} - e^{-i\theta})$$

を使う．

## 4.3　減 衰 振 動

4.1 節で調べた単振動は，摩擦のない理想的な状況で起こる振動であった．物体が媒質の中（たとえば空気中）で振動するときには，媒質との摩擦によって振動の振幅はしだいに小さくなる．摩擦が振動に及ぼす影響を調べるために，$x$ 軸上を運動する質量 $m$ の質点に，変位に比例した復元力 $-kx$ と速度に比例した抵抗力 $-2m\gamma\dot{x}$（$\gamma > 0$）がはたらく場合を考えよう．摩擦がないとき（$\gamma = 0$），質点は固有角振動数 $\omega_0 = \sqrt{k/m}$ の単振動をする．$\gamma$ の値を大きくしていくと，この単振動はどのように変化していくだろうか．

運動方程式は

$$m\ddot{x} = -m\omega_0^2 x - 2m\gamma\dot{x} \tag{4.37}$$

である．両辺を $m$ で割り整理すると

$$\ddot{x} + 2\gamma\dot{x} + \omega_0^2 x = 0 \tag{4.38}$$

となる．4.2.2 節で述べた同次線形微分方程式の解法にしたがって，$x = e^{\lambda t}$ を式 (4.38)に代入して $e^{\lambda t}$ で割れば，特性方程式

$$\lambda^2 + 2\gamma\lambda + \omega_0^2 = 0 \tag{4.39}$$

が得られる．この 2 次方程式の根は

$$\lambda = -\gamma \pm \sqrt{\gamma^2 - \omega_0^2} \tag{4.40}$$

である．以下，(1) $\gamma < \omega_0$，(2) $\gamma > \omega_0$，(3) $\gamma = \omega_0$ の場合に分けて振動の様子を調べる．

(1) $\gamma < \omega_0$ のとき（摩擦力が小さいとき），特性方程式は二つの複素数根

$$\lambda = -\gamma \pm i\Omega \quad (\Omega = \sqrt{\omega_0^2 - \gamma^2}\,) \tag{4.41}$$

をもつ．したがって，一般解は

$$\begin{aligned} x(t) &= C_1 e^{(-\gamma + i\Omega)t} + C_2 e^{(-\gamma - i\Omega)t} \\ &= Ae^{-\gamma t}\cos(\Omega t + \alpha) \end{aligned} \tag{4.42}$$

と書ける．式 (4.42)の余弦関数は角振動数 $\Omega = \sqrt{\omega_0^2 - \gamma^2}$ の単振動を表している．この単振動の振幅は，摩擦のために，$Ae^{-\gamma t}$ のように指数関数的に減少する（図 4.4）．このような運動を**減衰振動**という．減衰振動は，空気抵抗などの摩擦のある現実の系で普通に観測される現象である．

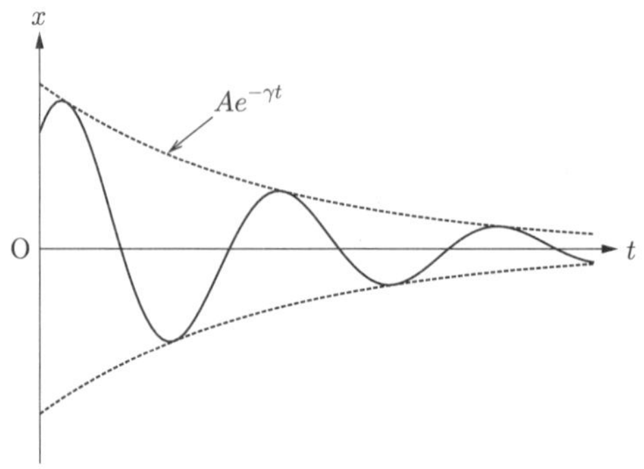


**図 4.4**　減衰振動

(2) $\gamma > \omega_0$ のとき（摩擦力が大きいとき），特性方程式は二つの実数根

$$\lambda = -\gamma \pm \sqrt{\gamma^2 - \omega_0^2} \tag{4.43}$$

をもち，一般解は

$$x(t) = C_1 e^{-(\gamma - \sqrt{\gamma^2-\omega_0^2})t} + C_2 e^{-(\gamma + \sqrt{\gamma^2-\omega_0^2})t} \tag{4.44}$$

で与えられる．これは振動を伴わずに減衰する運動を表している．つまり，摩擦が大きいときの運動は非振動的に減衰する．これを**過減衰**という．

(3) $\gamma = \omega_0$ のとき，特性方程式は重根 $\lambda = -\gamma$ をもつので，一般解は

$$x(t) = (C_1 + C_2 t)e^{-\gamma t} \tag{4.45}$$

と書ける．この場合の運動も過減衰と同様に非振動的に減衰するが，これを特に**臨界減衰**とよぶ．

## 4.4 強 制 振 動

周期的に変化する外力を質点に作用させると，質点は外力によって揺り動かされる．このようにして起こる振動を一般に**強制振動**という．

### 4.4.1 減衰がないときの強制振動

$x$ 軸上にある質量 $m$ の質点に，復元力 $-m\omega_0^2 x$ と外力

$$F(t) = F_0 \cos \omega t \tag{4.46}$$

がはたらく場合の 1 次元運動を調べよう*．運動方程式は

$$m\ddot{x} = -m\omega_0^2 x + F_0 \cos \omega t \tag{4.47}$$

すなわち，

$$\ddot{x} + \omega_0^2 x = f_0 \cos \omega t \quad (f_0 = F_0/m) \tag{4.48}$$

である．

方程式 (4.48) は線形微分方程式であるが，右辺に未知関数 $x$ と無関係な関数があるので同次ではない．このような非同次線形微分方程式の一般解は，右辺 $= 0$ とした同次方程式の一般解 $x_0(t)$ と非同次方程式の特解（particular solution）$x_{\mathrm{p}}(t)$ の和

$$x(t) = x_0(t) + x_{\mathrm{p}}(t) \tag{4.49}$$

で表される．$x_0(t)$ は角振動数 $\omega_0$ の単振動の一般解なので，定数 $A$ と $\alpha$ を用いて

* 外力の角振動数を $\omega$ で表し，これと区別するために，振動体の固有角振動数を $\omega_0$ と表記していることに注意せよ．

$$x_0(t) = A\cos(\omega_0 t + \alpha) \tag{4.50}$$

と書ける．特解を求めるには，

$$x_{\mathrm{p}}(t) = B\cos\omega t \tag{4.51}$$

とおいてみるとよい．これを運動方程式 (4.48)に代入すると，

$$(-\omega^2 + \omega_0^2)B\cos\omega t = f_0\cos\omega t \tag{4.52}$$

となるので，

$$B = \frac{f_0}{\omega_0^2 - \omega^2} \tag{4.53}$$

であれば (4.51)が特解になることがわかる．

こうして，運動方程式 (4.48)の一般解が

$$x(t) = A\cos(\omega_0 t + \alpha) + \frac{f_0}{\omega_0^2 - \omega^2}\cos\omega t \tag{4.54}$$

と得られた．この式からわかるように，周期的に変化する外力が振動体に作用すると，外力がないときに起こる自由振動（右辺第一項）と外力によって誘起される強制振動（右辺第二項）が合成された振動が起こる．外力の角振動数 $\omega$ が振動体の固有角振動数 $\omega_0$ に等しいとき，強制振動の振幅が発散することに注意しょう．これは**共振**または**共鳴**とよばれる現象である．実際には，摩擦の影響によって，振動の振幅が無限に大きくなることはない．

### 4.4.2 減衰があるときの強制振動

強制振動が摩擦によってどのような影響を受けるかを調べよう．4.3 節と同様に，速度に比例する摩擦力 $-2m\gamma\dot{x}$ がはたらく場合を考える．この摩擦力を前節で調べた運動方程式 (4.47)の右辺に加えると，

$$\ddot{x} + 2\gamma\dot{x} + \omega_0^2 x = f_0\cos\omega t \tag{4.55}$$

が得られる．

式 (4.55)は非同次線形微分方程式なので，一般解は，外力 $= 0$ とした同次方程式の一般解 $x_0(t)$ と非同次方程式 (4.55)の特解 $x_{\mathrm{p}}(t)$ の和で表される．$x_0(t)$ は，4.3 節で調べた減衰振動の一般解に他ならない．

特解 $x_{\mathrm{p}}(t)$ を求めるための便法がある．まず微分方程式

$$\ddot{z} + 2\gamma\dot{z} + \omega_0^2 z = f_0 e^{i\omega t} \tag{4.56}$$

を満たす複素数 $z$ を考える．$\mathrm{Re}[e^{i\omega t}] = \cos\omega t$ に注意すれば，$\mathrm{Re}[z]$ が式 (4.55)と同じ微分方程式にしたがうことがわかる*．したがって，微分方程式

$\mathrm{Re}[z]$ は複素数 $z$ の実部を表す．虚部は $\mathrm{Im}[z]$ と表記される．すなわち，

$$z = \mathrm{Re}[z] + i\,\mathrm{Im}[z]$$

である．

(4.56)の特解 $z_{\mathrm{p}}(t)$ が見つかれば，その実部が特解 $x_{\mathrm{p}}(t)$ を与える．

微分方程式 (4.56)は

$$z_{\mathrm{p}}(t) = Ae^{i\omega t} \tag{4.57}$$

という形の特解をもつことがすぐにわかる．実際に代入すれば，

$$(-\omega^2 + 2\gamma i\omega + \omega_0^2)Ae^{i\omega t} = f_0 e^{i\omega t} \tag{4.58}$$

となるので，

$$A = \frac{f_0}{\omega_0^2 - \omega^2 + 2i\gamma\omega} = Be^{-i\beta} \tag{4.59}$$

である．ここで

$$B = \frac{f_0}{\sqrt{(\omega_0^2 - \omega^2)^2 + 4\gamma^2\omega^2}} \tag{4.60}$$

$$\cos\beta = \frac{\omega_0^2 - \omega^2}{\sqrt{(\omega_0^2 - \omega^2)^2 + 4\gamma^2\omega^2}} \tag{4.61}$$

$$\sin\beta = \frac{2\gamma\omega}{\sqrt{(\omega_0^2 - \omega^2)^2 + 4\gamma^2\omega^2}} \tag{4.62}$$

(4.61) と (4.62) をまとめると $\tan\beta = \dfrac{2\gamma\omega}{\omega_0^2 - \omega^2}$ と書ける．

とおいた．

以上の結果，運動方程式 (4.55)の特解が

$$x_{\mathrm{p}}(t) = \mathrm{Re}[z_{\mathrm{p}}(t)] = \mathrm{Re}[Be^{i(\omega t - \beta)}] = B\cos(\omega t - \beta) \tag{4.63}$$

と得られた．これに減衰振動の一般解を加えれば，運動方程式 (4.55)の一般解になるが，減衰振動の振幅は時間とともに 0 に近づいていくので，十分に時間がたてば $x_{\mathrm{p}}(t)$ で表される強制振動だけが残ることになる．摩擦のために，強制振動の位相は外力の位相より $\beta$ だけ遅れる．

強制振動の振幅と外力の角振動数 $\omega$ との関係を表したグラフを共鳴曲線という．式 (4.60)から計算した共鳴曲線を図 4.5 に示した．摩擦の強さを特徴づけるパラメータ $\gamma/\omega_0$ が小さいとき，共鳴曲線は $\omega/\omega_0 = 1$ の近くで鋭いピークをもっている*．この振幅の増大が共鳴に対応する．$\gamma/\omega_0$ を大きくしていくと，ピークの高さが低くなっていくとともにピークの幅が広がっていき，振幅の増大が見られなくなる．

* $\omega = \omega_0$ での振幅は

$$B(\omega = \omega_0) = \frac{f_0}{2\gamma\omega_0}$$

となる．これは，摩擦を小さくしていくと，$1/\gamma$ に比例して大きくなる．

**問 4.4**　式 (4.60)で与えられる強制振動の振幅について次のことを示せ．

- $\gamma < \omega_0/\sqrt{2}$ のとき，振幅は $\omega = \sqrt{\omega_0^2 - 2\gamma^2}$ で最大になる．
- $\gamma \geq \omega_0/\sqrt{2}$ のとき，振幅は $\omega$ の単調減少関数である．

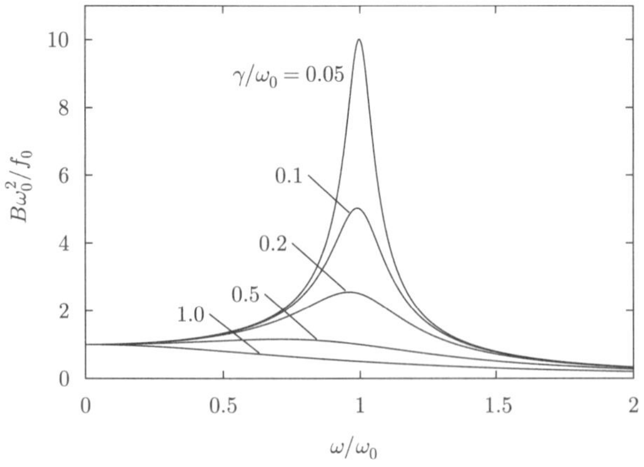


**図 4.5** 共鳴曲線

### コラム：振り子の等時性

4.1 節で見たように，単振り子の微小振動は周期が $2\pi\sqrt{l/g}$ の単振動になる．この周期は振り子の長さ $l$ と重力加速度 $g$ だけで決まり，振り子の振幅と無関係である．このように振り子の周期が振幅によらず一定であることを振り子の等時性という．振り子がもつこの性質を最初に発見したのは，ガリレオ（1564–1642）である．言い伝えによると，ガリレオは 19 歳のとき，ピサの大聖堂の天井から吊り下げられていたランプが揺れるの見て，振り子の等時性に気づいたという．1656 年にホイヘンス（1629–1695）によって発明された振り子時計は振り子の等時性を応用したものである．

等時性は単振動の特徴であり，運動方程式の線形性と関係している．単振り子の運動方程式 (4.14)は非線形微分方程式だが，振幅が小さいときは，単振動の運動方程式と同形の線形微分方程式で近似できる．一方，振幅が大きいときは，振れ角 $\varphi$ が大きくなるところで復元力の大きさ（$\propto \sin\varphi$）が線形（$\propto \varphi$）からずれて小さくなるために，復元力を線形近似した場合より周期が長くなる．詳しく計算すると，単振り子の最大振れ角が 20° のときの周期は線形近似の値 $2\pi\sqrt{l/g}$ の 1.008 倍，45° のときは 1.040 倍，90° にすると約 1.180 倍になる．振り子の等時性は，復元力が線形とみなせるほど小さな振幅で振り子を振らせたときに近似的に成り立つ性質である．

## 章末問題 4

— **A** —

**4.1** 自然長 $l_0$，バネ定数 $k$ のバネを吊り下げて上端を固定し，下端に質量 $m$ のおもりを取り付け，このおもりを上下に振動させたときの運動が単振動になることを示せ．

**4.2** $x$ 軸上を運動する質量 $m$ の質点があり，これに復元力 $-m\omega_0^2 x$ と外力 $mf_0\cos\omega t$ がはたらくとき，運動方程式の一般解は式 (4.54)で与えられる．

(1) 時刻 $t=0$ での初期条件を $x(0)=0,\ \dot{x}(0)=0$ として，変位 $x(t)$ の特解を求めよ．

(2) 共鳴条件 $\omega=\omega_0$ が満たされるとき，(1) で得られた $x(t)$ は時間とともにどのように変化するか．（ヒント：$\lim_{\theta\to 0}\frac{\sin\theta}{\theta}=1$）

— **B** —

**4.3** $x,\ y$ 平面上を運動する質点に原点からの距離に比例する向心力 $\boldsymbol{F}=-k\boldsymbol{r}=(-kx,\ -ky)\ (k>0)$ がはたらいている．質点は時刻 $t=0$ で位置 $\boldsymbol{r}=(a,\ 0)$ にあり，そのときの速度は $\dot{\boldsymbol{r}}=(0,\ v_0)$ であった．この質点の軌跡を求めよ．

**4.4** 次のような振動が，強制振動の運動方程式 (4.47)と同形の微分方程式で記述されることを示せ．

(1) おもりをバネの一端につけて鉛直方向に吊り下げ，バネの上端を $a\cos\omega t$ のように鉛直線上で上下に動かしたときに起こるおもりの振動．

(2) おもりを糸の一端につけて鉛直方向に吊り下げ，糸の上端を $a\cos\omega t$ のように水平線上で左右に動かしたときに起こるおもりの微小振動．

**4.5** 図 4.6 のように，自己インダクタンス $L$ のコイル，電気容量 $C$ のコンデンサー，抵抗値 $R$ の抵抗を直列につなぎ，その両端に交流電圧 $V(t)=V_0\sin\omega t$ を加える（$t$ は時間）．この回路を流れる電流 $I(t)$ が，減衰があるときの強制振動の運動方程式 (4.55) と同形の微分方程式にしたがうことを示せ．

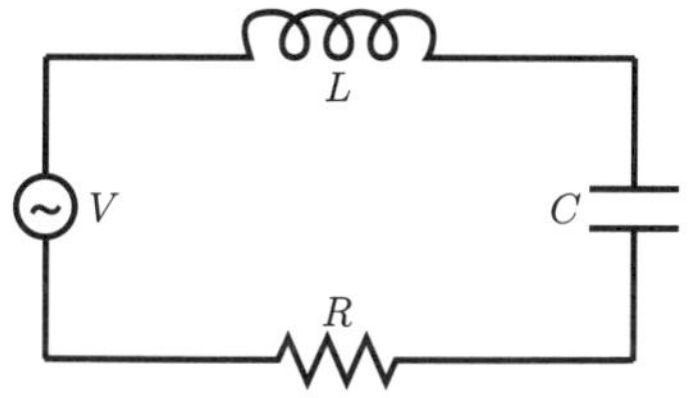


**図 4.6** $LCR$ 回路

# 5
# 運動量と角運動量

質点が**規則的**に運動しているところを考えてみよう．もっとも簡単な規則的運動は等速直線運動であろう．このとき質点には力は作用していない．次に等速円運動も規則的である．このとき，質点には力が作用しているものの，それは力のモーメントと呼ばれる量が 0 になるような力である．これらの運動が規則的に見える理由が**保存法則**である．ここで挙げた等速直線運動と等速円運動はそれぞれ，**運動量保存則**，**角運動量保存則**，に対応している．この章ではこれら 2 つの保存法則について説明しよう．

## 5.1　運動量保存則

まずは運動量の保存則から始めよう．質量 $m$，速度 $\boldsymbol{v}$ で運動する質点の**運動量** $\boldsymbol{p}$ を

$$\boldsymbol{p} = m\boldsymbol{v} \tag{5.1}$$

と定義する．質量 $m$ を速度 $\boldsymbol{v}$ にかけて運動量を定義する理由は，おなじ速度でも質量が大きいほどその運動状態を変化させることが難しくなるからである．これが物質の**慣性**と呼ばれる性質であり，ここでの $m$ は正しくは**慣性質量**である (3 章のコラムを参照).

運動量 $\boldsymbol{p}$ を用いて運動方程式は

$$\dot{\boldsymbol{p}} = \boldsymbol{F} \tag{5.2}$$

と書ける．つまりこの質点に力がはたらいていないとき，

$$\dot{\boldsymbol{p}} = 0 \tag{5.3}$$

であり，運動量 $\boldsymbol{p}$ は時間変化しない．これが**運動量の保存則**である．このとき静止していた物体は静止を続けるし，等速直線運動をしている物体はその運動を続ける．

［例題 5.1］

2 個の質点が互いに力を及ぼしあって運動しているとしよう．外力ははたらいていないとして，それぞれの質点に対する運動方程式を立てよ．また，全運動量の時間変化を求めよ．

［解］ 質点 1 にはたらく質点 2 からの力を $\boldsymbol{F}_{12}$，質点 2 にはたらく質点 1 からの力を $\boldsymbol{F}_{21}$ とすると，運動方程式は

$$\dot{\boldsymbol{p}}_1 = \boldsymbol{F}_{12}$$
$$\dot{\boldsymbol{p}}_2 = \boldsymbol{F}_{21}$$

である．$\boldsymbol{F}_{12}$，$\boldsymbol{F}_{21}$ の詳細が分からないと $\boldsymbol{p}_1$，$\boldsymbol{p}_2$ の時間変化は求められないが，全運動量 $\boldsymbol{P} = \boldsymbol{p}_1 + \boldsymbol{p}_2$ に対してはもう一歩先へ進むことができる．

$\boldsymbol{P}$ を時間微分すると

$$\dot{\boldsymbol{P}} = \dot{\boldsymbol{p}}_1 + \dot{\boldsymbol{p}}_2 = \boldsymbol{F}_{12} + \boldsymbol{F}_{21}$$

となるが，作用反作用の法則より $\boldsymbol{F}_{12} + \boldsymbol{F}_{21} = 0$ であるから

$$\dot{\boldsymbol{P}} = 0$$

である．つまり全運動量 $\boldsymbol{P}$ は保存する．時間積分すると

$$\boldsymbol{P} = \boldsymbol{P}_0$$

ここで $\boldsymbol{P}_0$ は初期条件で決まる定ベクトルである．

$N$ 個の質点からなる系に外部から力がはたらいていないとき，それぞれの質点の運動量の和が保存する．質点同士がどのような力を及ぼし合っていてもよい．簡単にこの場合の運動量保存則について述べておく．$i$ 番目の質点の運動量を $\boldsymbol{p}_i$，全運動量を $\boldsymbol{P}$ としたとき，$\boldsymbol{P} = \sum_{i=1}^{N} \boldsymbol{p}_i$ であるから，運動量の保存則は

$$\dot{\boldsymbol{P}} = \sum_{i=1}^{N} \dot{\boldsymbol{p}}_i = 0 \tag{5.4}$$

と表される．つまり多数の質点をひとまとまりの物体と考えたとき，この物体の運動量は $\boldsymbol{P}$ で，物体に外力がはたらいていないとき $\boldsymbol{P}$ が保存する．質点が 2 つの場合については 7 章で，多数の質点からなる場合は 8 章と 9 章で詳しく説明する．この章では質点が一つの場合について考えることにする．

## 5.2　運動量と力積

質量 $m$ の質点に外力 $\boldsymbol{F}$ がはたらいているとする．このとき運動量は保存せず，変化する．どのように変化するのであろうか．この質点に対するニュートンの運動方程式を運動量を用いて表すと

$$\dot{\boldsymbol{p}} = \boldsymbol{F}(t) \tag{5.5}$$

である．時間 $t_0$ から $t$ まで積分すると

$$\boldsymbol{p}(t) - \boldsymbol{p}(t_0) = \int_{t_0}^{t} \boldsymbol{F}(t')dt' \equiv I \tag{5.6}$$

である．力を時間に関して積分した量 $I$ を**力積**という．力と経過時間の積という意味である．実際，$\Delta t = t - t_0$ の間力 $\boldsymbol{F}(t)$ が一定と見なせるとき式 (5.6) の積分は $\boldsymbol{F}(t)\Delta t$ で近似でき，

$$\boldsymbol{p}(t) - \boldsymbol{p}(t_0) \simeq \boldsymbol{F}(t)\Delta t \tag{5.7}$$

である．$\Delta t \simeq 0$ と近似できるような短時間で質点に運動量変化を生じさせる力を**撃力**という．式 (5.6)または式 (5.7)を用いると，ある質点の運動量変化と力のはたらいた時間から，その力の大きさを評価することができる．

**問 5.1** 壁に向かって質量 100g のボールを投げたところ，壁で跳ね返って戻ってきた．壁に当たる直前のボールの速さが 10m/s，壁から離れた直後の速さが 9.8m/s であったとき，壁がボールに与えた力積を求めよ．

**問 5.2** 質量 100g のボールを地面に向けて落とした．ボールが地面に接触する直前の速さは 10m/s，接触してから離れるまでの時間は 0.01s，ボールが離れた直後の速さは 9.8m/s であった．このとき，ボールが受けた全力積と重力から受けた力積の比を求め，重力による力積が無視できることを確認せよ．このように，撃力の力積のみを扱うことを**撃力近似**という．

## 5.3 角 運 動 量

質量 $m$，速度 $\boldsymbol{v}$ で運動する質点の，位置 $\boldsymbol{r}$ における原点のまわりの**角運動量**を，ベクトル積を用いて

$$\boldsymbol{L} = \boldsymbol{r} \times m\boldsymbol{v} = \boldsymbol{r} \times \boldsymbol{p} \tag{5.8}$$

と定義する（ベクトル積に関しては 2.3.3 節を参照）．角運動量がベクトル積で定義されていることから，角運動量には以下のような性質がある．

1. 角運動量はベクトルである．
2. 角運動量は $\boldsymbol{r}$，$\boldsymbol{p}$ に垂直である．
3. $\boldsymbol{r} \parallel \boldsymbol{p}$ のとき，角運動量は $\boldsymbol{0}$ になる．

角運動量の定義には位置ベクトルが出てくることに注意しよう．角運動量は回転運動に関する物理量であり，回転運動には回転の中心が必要である．位置ベクトルを定義するための原点がこの回転中心にあたる．よって正確には式 (5.8)は原点まわりの角運動量である．通常は回転中心を原点にとるのが分か

りやすいが，原点以外の点 $\boldsymbol{r}_0$ を回転中心にとるときには位置ベクトル $\boldsymbol{r}$ の代わりに $\boldsymbol{r}-\boldsymbol{r}_0$ を使えばよい．

［例題 **5.2**］

以下について，原点の周りの角運動量を求めよ．

1. 速度 $\boldsymbol{v}$ で等速直線運動をする質量 $m$ の質点の角運動量の大きさ求めよ．ただし，原点からこの質点の軌跡までの距離を $h$ とする (図 5.1)．
2. 上の問題で，$h=0$ のときはどうなるか．
3. 速さ $v$ で原点 O を中心とする半径 $r$ の円周上を等速円運動している質量 $m$ の質点の角運動量の大きさを求めよ．

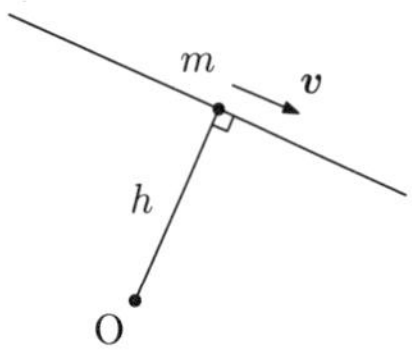

**図 5.1** 等速直線運動をしている質点の角運動量．

［解］ 1. $L=mvh$.
2. $L=0$.
3. $L=mvr$

このように直線運動でも原点の周りの角運動量がゼロでない一定値をとる場合がある．

## 5.4 角運動量保存則

運動方程式の両辺と位置ベクトル $\boldsymbol{r}$ とのベクトル積をとると

$$\boldsymbol{r}\times\dot{\boldsymbol{p}}=\boldsymbol{r}\times\boldsymbol{F} \tag{5.9}$$

である．ところで $\dot{\boldsymbol{r}}$ と $\boldsymbol{p}$ は平行なベクトルなので，

$$\frac{d}{dt}(\boldsymbol{r}\times\boldsymbol{p})=\dot{\boldsymbol{r}}\times\boldsymbol{p}+\boldsymbol{r}\times\dot{\boldsymbol{p}}=\boldsymbol{r}\times\dot{\boldsymbol{p}}$$

である．よって式 (5.9)は

$$\frac{d}{dt}(\boldsymbol{r}\times\boldsymbol{p})=\dot{\boldsymbol{L}}=\boldsymbol{r}\times\boldsymbol{F} \tag{5.10}$$

と角運動量を使って書き直すことができる．ここで原点のまわりの**力のモーメント** $\boldsymbol{N}$ を

$$\boldsymbol{N}=\boldsymbol{r}\times\boldsymbol{F} \tag{5.11}$$

と定義すると，式 (5.10)は

$$\dot{\boldsymbol{L}}=\boldsymbol{N} \tag{5.12}$$

と書くことができる．これは角運動量の運動方程式である．$\boldsymbol{N}$ を**トルク**と呼ぶこともある．

ところで，質点にはたらく力のモーメントが $\mathbf{0}$ であるとき，$\dot{\boldsymbol{L}} = \mathbf{0}$ となって角運動量は保存する．これを**角運動量の保存則**という．このとき位置ベクトル $\boldsymbol{r}$ と力 $\boldsymbol{F}$ は平行である．もちろん，$\boldsymbol{r} = \mathbf{0}$ または $\boldsymbol{F} = \mathbf{0}$ であってもよい．運動量は質点に力がはたらくと変化するが，角運動量は質点に仮に力がはたらいても，力のモーメントが $\mathbf{0}$ であれば保存する．

[例題 5.3]

原点を中心とする半径 $l$ の円周上を角速度 $\omega$ で等速円運動する質量 $m$ の質点にはたらく力と運動量，原点のまわりの力のモーメントを求め，原点のまわりの角運動量が保存していることを示せ．

[解]　極座標表示でこの質点の速度と加速度を書くと

$$\dot{\boldsymbol{r}} = l\omega \boldsymbol{e}_\phi \tag{5.13}$$

$$\ddot{\boldsymbol{r}} = -l\omega^2 \boldsymbol{e}_r \tag{5.14}$$

である．よって運動量は $\boldsymbol{p} = ml\omega\boldsymbol{e}_\phi$ である．これは常に円の接線方向を向き，大きさが一定のベクトルである．またニュートンの運動方程式より，この質点には力 $\boldsymbol{F} = -ml\omega^2\boldsymbol{e}_r$ がはたらいている．こちらは常に円の中心を向き，大きさが一定のベクトルである．

力のモーメントは

$$\boldsymbol{N} = \boldsymbol{r} \times \boldsymbol{F} = ml^2\omega^2\boldsymbol{e}_r \times \boldsymbol{e}_r = \mathbf{0} \tag{5.15}$$

である．よってこの質点の角運動量は保存している．

## 5.5　中心力と角運動量保存則

位置 $\boldsymbol{r}$ にある質点に，原点から常に $\boldsymbol{e}_r = \boldsymbol{r}/r$ 方向の力 $\boldsymbol{F}$ が作用しているとしよう．すなわち

$$\boldsymbol{F} = f(r)\boldsymbol{e}_r \tag{5.16}$$

であるとする．$f(r)$ は原点からの距離 $r$ にのみ依存する任意の関数であるとする．つまりこのとき，質点は原点と質点の位置を結ぶ方向 (位置ベクトルの方向) にのみ力を受ける．このような力を**中心力**という (図 5.2)．$\boldsymbol{r} \parallel \boldsymbol{e}_r$ であるから，

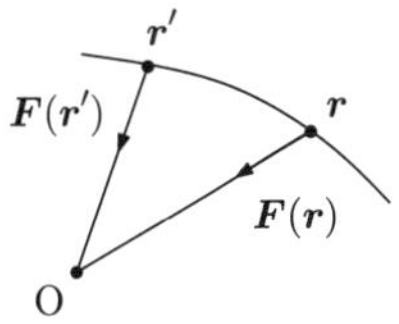

図 5.2　中心力．

$$\boldsymbol{r} \times \boldsymbol{F} = \boldsymbol{r} \times f(r)\boldsymbol{e}_r = 0 \tag{5.17}$$

となり，中心力のモーメントは常に 0 である．したがって，式 (5.10) より**質点の角運動量は中心力のもとで保存する．**

[例題 5.4]

中心力 $\boldsymbol{F}$ のもとで運動する質点の位置を円筒座標表示したとき，$h = r^2\dot{\phi}$ が一定であることを示せ.

[解] 中心力のもとでの運動なので角運動量が保存する. よって

$$\begin{aligned}\boldsymbol{L} &= \boldsymbol{r} \times m\dot{\boldsymbol{r}} \\ &= r\boldsymbol{e}_r \times m(\dot{r}\boldsymbol{e}_r + r\dot{\phi}\boldsymbol{e}_\phi) \\ &= mr^2\dot{\phi}\boldsymbol{e}_z \end{aligned} \tag{5.18}$$

が一定である. $\boldsymbol{e}_r \times \boldsymbol{e}_\phi = \boldsymbol{e}_z$ は一定であるので，$h = r^2\dot{\phi}$ も一定である.

## 章末問題 5

**5.1** 重力の無視できる空間をロケットが飛行している. このロケットは，燃料を速度 $u$ で後方に噴射しながら加速している（$u$ はロケットに対する相対速度）.

(1) 微小時間にロケットの質量が $M$ から $M + dM$ に減少し（$-dM$ が噴射した燃料の質量），速度が $v$ から $v + dv$ に増加したとすると，2 次の微小量を無視する近似では $Mdv + udM = 0$ の関係が成り立つことを示せ.

(2) この関係を用いて，ロケットの質量 $M$ が速度 $v$ の増加とともに $M = M_0 e^{-(v-v_0)/u}$ のように減少することを示せ（$M_0$ は $v = v_0$ のときのロケットの質量）.

**5.2** 質量 $m$ のおもりを糸の先につけ，板に開けた穴を中心に板の上で半径 $l$，速さ $v$ の等速円運動をさせた. おもりの大きさや板との摩擦，穴の大きさ，糸の質量は無視できるとする. 以下の問いに答えよ.

(a) おもりの角運動量を求めよ.

(b) 穴を通した糸の他端を引っ張り，糸の長さを変えて，半径を $l/2, l/3, l/4 \ldots$ としたときのおもりの速度を求めよ.

**5.3** 万有引力により太陽に近づいてくる質量 $m$ の隕石の運動を考えよう. 太陽の位置を原点に固定し，隕石の無限遠での速度を $\boldsymbol{v}_0$，無限遠における隕石の軌道の延長と太陽との距離を $b$ とする. 以下の問いに答えよ.

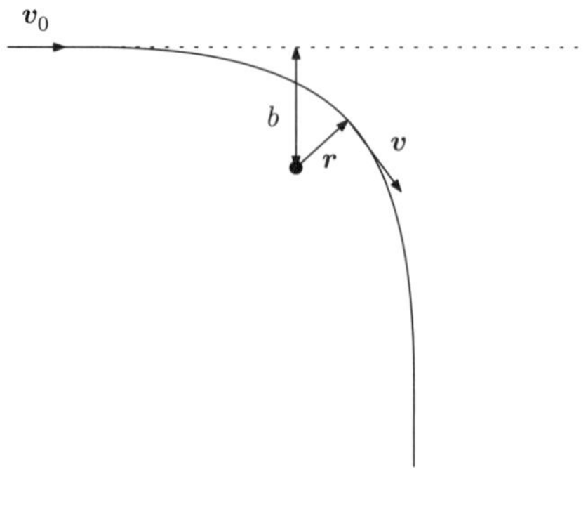


(a) この隕石の角運動量を求めよ.

(b) この隕石が太陽に最も近づく点の太陽からの距離と隕石の速度の積 $rv$ を求めよ.

# 6
# 仕事とエネルギー

振り子の運動は周期的である．このとき保存されている量が**力学的エネルギー**である．本章では，このような力学的エネルギーと，それを理解するために必要な保存力や仕事という概念について説明する．

## 6.1 仕　　事

物理学では，力が物体にはたらいたことによって物体が移動したとき，**力が物体に仕事をした**と考える．**仕事**の大きさは力の大きさと移動距離（変位）の積で与えられる．つまり，いくら力がはたらいても物体が移動しないとき，その力は仕事をしていない．ある人がバケツを支えて立っているとき，バケツを支える力は仕事をしていない．

仕事は次のように定義される．図 6.1 に示すように，一定の力 $\boldsymbol{F}$ が物体にはたらき，物体が力の方向と角 $\theta$ をなす方向に $\boldsymbol{l}$ だけ動いたとき，力 $\boldsymbol{F}$ がした仕事 $W$ を

$$W = \boldsymbol{F} \cdot \boldsymbol{l} = Fl\cos\theta \tag{6.1}$$

のように力 $\boldsymbol{F}$ と変位 $\boldsymbol{l}$ のスカラー積で定義する．つまり仕事は 2 つのベクトルから作られたスカラーである．また式 (6.1) は，物体が $F\cos\theta$ の力を受けて距離 $l$ だけ動いたとき，これらの積が仕事であると考えることができる．つまり，仕事に関係するのは，物体が変位する方向の力の成分と変位の大きさである．$\pi/2 < \theta < \pi$ のときは (6.1)は負となることに注意しよう．

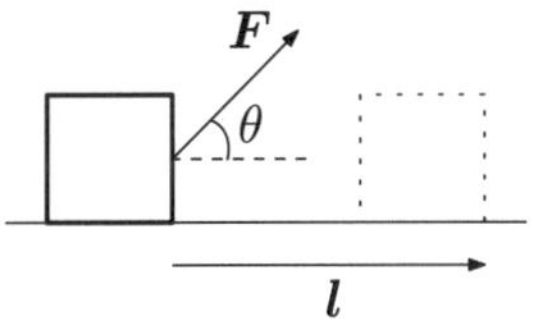


図 6.1　一定の力 $\boldsymbol{F}$ によって物体が $\boldsymbol{l}$ だけ変位した場合

［例題 6.1］

下図のように，水平面となす角が角度 $\theta$ の斜面上にある質量 $m$ の物体を，力 $\boldsymbol{F}$ で斜面に沿って $l$ だけ引っ張り上げた．垂直抗力を $\boldsymbol{N}$，動摩擦係数を $\mu$ として，力 $\boldsymbol{F}$，重力 $m\boldsymbol{g}$，摩擦力 $\boldsymbol{F}_\mu$，垂直抗力 $\boldsymbol{N}$ のした仕事を求めよ．

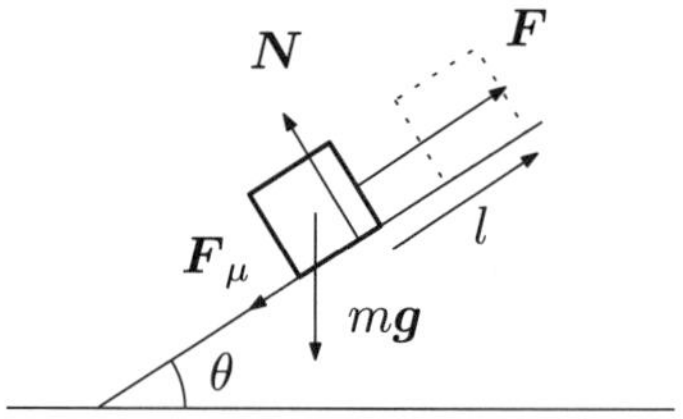


［解］ それぞれの力がした仕事を $W_F$，$W_N$，$W_\mu$，$W_g$ とすると

$$
\begin{aligned}
W_F &= Fl \\
W_N &= 0 \\
W_\mu &= -\mu N l \\
W_g &= -mgl\sin\theta
\end{aligned}
$$

この場合，摩擦力と重力のする仕事は負になる．力学的エネルギー保存を扱う際，仕事の符号は重要である．

仕事の次元は力と距離の積 $ML^2T^{-2}$ で，単位はジュール (J) である．1 J は，1 N の力で質点を力の方向に 1m 変位させるときの仕事と定義される．

物体にはたらく力 $\boldsymbol{F}$ が一定ではなく，物体が曲線に沿って移動する場合，仕事をどのように計算すればよいであろうか．このようなときは，物体の経路を力が一定であるとみなせる区間に分割してそれぞれの区間ごとの仕事を計算し，その後足し合わせてやればよい．もう少し具体的に考えよう．

力 $\boldsymbol{F}$ が位置ベクトル $\boldsymbol{r}$ の関数であるとき，すなわち $\boldsymbol{F}(\boldsymbol{r})$ のとき，質点をある曲線の経路 C に沿って点 A から点 B まで動かす場合の仕事を計算する．力

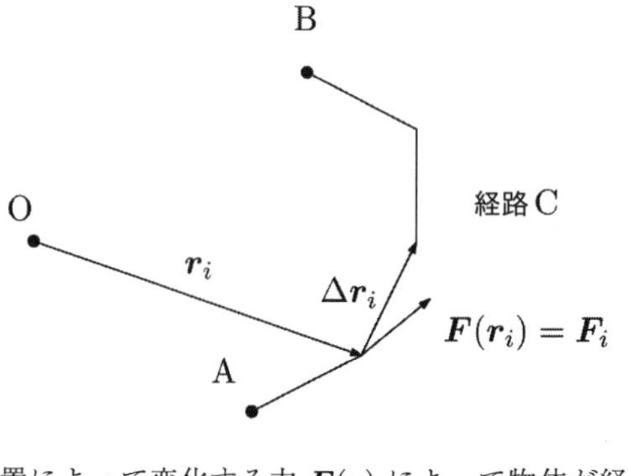


**図 6.2** 位置によって変化する力 $\boldsymbol{F}(\boldsymbol{r})$ によって物体が経路 C 上を点 A から点 B まで移動する場合

$\boldsymbol{F}$ は経路に沿った方向を向いていなくてもよい．図 6.2 に示すように経路を細かく分割すると，その区間では経路を直線とみなすことができ，また，力も一定とみなせる．全体の仕事は各区間の仕事の和で表される．$i$ 番目の区間の力を $\boldsymbol{F}(\boldsymbol{r}_i) = \boldsymbol{F}_i$，変位ベクトルを $\Delta\boldsymbol{r}_i$ とすると，$i$ 番目の区間の仕事 $\Delta W_i$ は

$$\Delta W_i = \boldsymbol{F}_i \cdot \Delta\boldsymbol{r}_i \tag{6.2}$$

となるので，点 A から点 B まで質点を動かしたときの仕事 $W$ は

$$W = \sum_i \Delta W_i = \sum_i \boldsymbol{F}_i \cdot \Delta\boldsymbol{r}_i \tag{6.3}$$

と書ける．次に経路の分割を細かくして $|\Delta\boldsymbol{r}_i| \to 0$ の極限を考える．$\Delta\boldsymbol{r}_i$ が無限に小さいことを表すために，積分の記号を使おう．和の記号 $\sum_i$ を積分記号 $\int_C$ で，$\Delta\boldsymbol{r}_i$ を $d\boldsymbol{r}$ で置き換えてやることで，$\lim_{|\Delta\boldsymbol{r}_i|\to 0}$ であることを表すのである．すると経路 C に沿って力がする仕事 $W$ は

$$W = \lim_{|\Delta\boldsymbol{r}_i|\to 0} \sum_i \boldsymbol{F}_i \cdot \Delta\boldsymbol{r}_i \left( = \lim_{n\to\infty} \sum_{i=0}^{n-1} \boldsymbol{F}_i \cdot \Delta\boldsymbol{r}_i \right) = \int_C \boldsymbol{F} \cdot d\boldsymbol{r} \tag{6.4}$$

と書ける．積分の記号は単なる略記法で，その意味するところは常に「$\Delta\boldsymbol{r}_i$ を無限に小さくとったときの各区間での $\boldsymbol{F}_i \cdot \Delta\boldsymbol{r}_i$ の和である」であることに注意しよう．つまり全仕事は，各点での $\boldsymbol{F} \cdot d\boldsymbol{r}$ を足し合わせたものである．このような，経路に沿ってなされる微小区間上の物理量の和（積分）を **線積分** という．

**[例題 6.2]**

図 6.3 のように，一定の向心力をうけて等速円運動をする質点がある．質点が軌道を一周するとき，向心力のする仕事を求めよ．

[解] このとき力は刻々変化するので，力が一定と見なせる微小時間に力がする仕事を計算し，足し合わせればよい．微小時間 $\Delta t$ の間に質点が $\Delta\boldsymbol{r}_i$ だけ変位するとき，向心力がする仕事 $\Delta W_i$ は

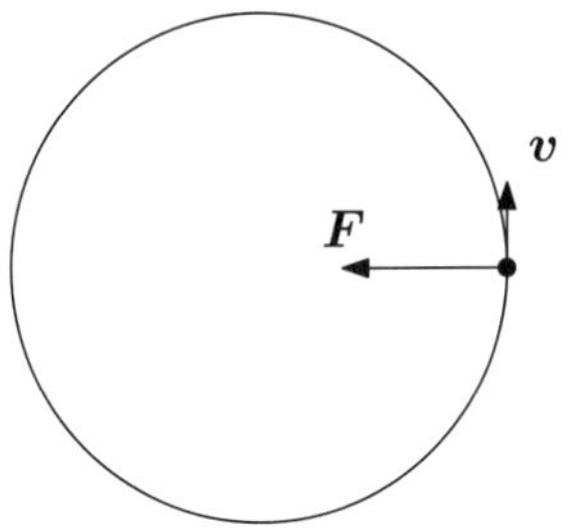


**図 6.3** 等速円運動をする質点．

$$\begin{aligned}\Delta W_i &= \boldsymbol{F}_i \cdot \Delta \boldsymbol{r}_i \\ &= \boldsymbol{F}_i \cdot \boldsymbol{v}_i \Delta t\end{aligned} \tag{6.5}$$

等速円運動では常に $\boldsymbol{F}_i \cdot \boldsymbol{v}_i = 0$ であるから，向心力のする仕事は

$$W = \sum_i \Delta W_i \to \int_C dW = 0 \tag{6.6}$$

である．

## 6.2 なめらかな束縛力のする仕事

経路 C に沿ったレールを考えて，そのレールが物体に及ぼす力を $\boldsymbol{F}_c$ としよう．すなわち，物体にはたらく力は $\boldsymbol{F} + \boldsymbol{F}_c$ である．さらに，このレールは物体が経路から外れようとするときのみ経路に垂直方向に力を及ぼすとする．このような束縛をなめらかな束縛といい，$\boldsymbol{F}_c$ をなめらかな**束縛力**という．このとき，各点での束縛力 $\boldsymbol{F}_c$ と経路の方向 $d\boldsymbol{r}$ は常に垂直であり，$\boldsymbol{F}_c \cdot d\boldsymbol{r} = 0$ である．よって仕事は

$$W = \int_C (\boldsymbol{F} + \boldsymbol{F}_c) \cdot d\boldsymbol{r} = \int_C \boldsymbol{F} \cdot d\boldsymbol{r} \tag{6.7}$$

となり，結局式 (6.4)と変わらない．すなわちなめらかな束縛力は仕事をしない．上の例題の向心力は，質点を円形の経路につなぎとめておく束縛力の例である．束縛がなめらかではないときは，なめらかでない部分の力を $\boldsymbol{F}$ に含めてしまえば，前節までの議論はすべて成立する．

## 6.3 運動エネルギー

経路 C に沿って点 A から点 B まで質量 $m$ の質点が動く場合を考えよう．質点にはたらく力を $\boldsymbol{F}$ とすると，質点の運動方程式は

$$m\ddot{\boldsymbol{r}} = \boldsymbol{F} \tag{6.8}$$

である．式 (6.8) の両辺と $\dot{\boldsymbol{r}}$ のスカラー積を作ると

$$m\ddot{\boldsymbol{r}} \cdot \dot{\boldsymbol{r}} = \boldsymbol{F} \cdot \dot{\boldsymbol{r}} \tag{6.9}$$

すなわち

$$\frac{d}{dt}\left(\frac{1}{2}m\dot{\boldsymbol{r}}^2\right) = \boldsymbol{F} \cdot \dot{\boldsymbol{r}} \tag{6.10}$$

となる．式 (6.10) の両辺を時刻 $t_A$ から $t_B$ まで時間 $t$ で積分すると，$\dot{\boldsymbol{r}} = \boldsymbol{v}$ より

$$\int_{t_A}^{t_B} \frac{d}{dt}\left(\frac{1}{2}m\boldsymbol{v}^2\right) dt = \int_{t_A}^{t_B} \boldsymbol{F} \cdot \dot{\boldsymbol{r}} dt \tag{6.11}$$

すなわち

$$\frac{1}{2}mv_B^2 - \frac{1}{2}mv_A^2 = \int_{\boldsymbol{r}_A}^{\boldsymbol{r}_B} \boldsymbol{F}\cdot d\boldsymbol{r} = W_{AB} \tag{6.12}$$

となる．ここで $v_A, v_B$ と $\boldsymbol{r}_A, \boldsymbol{r}_B$ は時刻 $t_A, t_B$ での質点の速さと位置ベクトルである．$W_{AB}$ は点 A から点 B まで力が質点にした仕事である．ここで運動エネルギー $K$ を

$$K = \frac{1}{2}mv^2 \tag{6.13}$$

と定義すると，(6.12)は

$$K_B - K_A = W_{AB} \tag{6.14}$$

となる．この式は，力 $\boldsymbol{F}$ が質点にする仕事によって，質点の運動エネルギーが変化することを示している．

## 6.4 保 存 力

振り子はなぜ周期的に運動するのであろうか．図 6.4 で振り子に摩擦がなければ質点は周期的な運動を永久に繰り返すであろう．このとき，質点には重力と糸の張力が作用しているが，張力はなめらかな束縛力であり，質点に対して仕事をしない．質点に仕事をしているのは重力のみである．さらに，図 6.5 のように，質点が振り子の支点のまわりを回りつづける回転振り子のような場合も周期的な運動である．このときの質点の運動は等速円運動ではなく，点 A での質点の速さは点 B での速さより小さいはずである．重力のどのような性質がこのような質点の周期運動を生じているのであろうか．

周期的運動の要点は，質点が振り子の最上点 A から最下点 B を通過して再び同じ点 A にもどってきたときの質点の状態が，以前に点 A にいたときと同

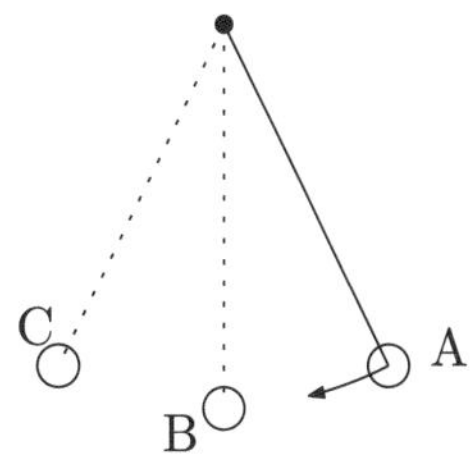


**図 6.4** 振り子

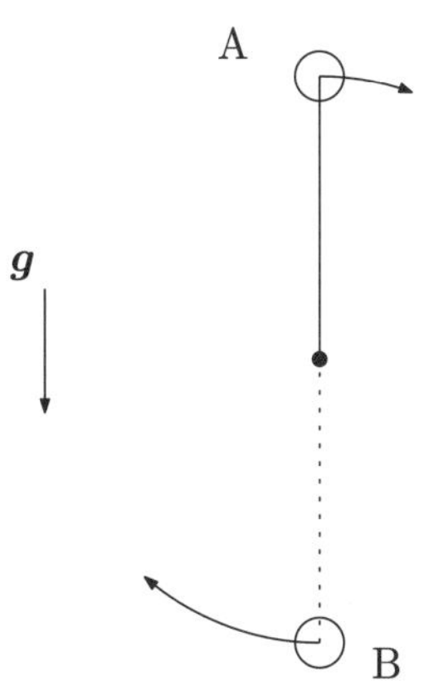


**図 6.5** 回転振り子

じであることである．例えば図 6.4 において，質点が A→B→C→B→A と運動したとき，点 A における質点の状態は常に以前と同じでなければならない．このためには，質点が A→B→C→B→A と運動したとき重力 $\boldsymbol{F}$ のする仕事

$$W = \int_{A\to B\to C\to B\to A} \boldsymbol{F}\cdot d\boldsymbol{r} \tag{6.15}$$

が 0 でなくてはならない．そうでなければ質点のエネルギーは一周期ごとに増加 (または減少) し，点 A での状態が以前とは同じではなくなってしまう．また図 6.5 の場合にも

$$W = \int_{A\to B\to A} \boldsymbol{F}\cdot d\boldsymbol{r} \tag{6.16}$$

が 0 でなくてはならない．実はこの,「ある力が閉じた経路でする仕事が 0 になる」という性質が，その力のもとでの質点の運動が周期的になる条件である．この条件を

$$\oint \boldsymbol{F}(\boldsymbol{r})\cdot d\boldsymbol{r} = 0 \tag{6.17}$$

のように表す．$\oint$ は，閉じた経路上での積分を表す記号である．この条件を満たす力を**保存力**という．

図 6.6 のように閉じた経路上の任意の 2 点 A，B を考えると

$$\begin{aligned}\oint \boldsymbol{F}\cdot d\boldsymbol{r} &= \int_{A(C_1)}^{B} \boldsymbol{F}\cdot d\boldsymbol{r} + \int_{B(C_2)}^{A} \boldsymbol{F}\cdot d\boldsymbol{r}\\ &= \int_{A(C_1)}^{B} \boldsymbol{F}\cdot d\boldsymbol{r} - \int_{A(C_2)}^{B} \boldsymbol{F}\cdot d\boldsymbol{r} = 0\end{aligned} \tag{6.18}$$

であるので ($C_1$，$C_2$ は積分経路),

$$\int_{A(C_1)}^{B} \boldsymbol{F}\cdot d\boldsymbol{r} = \int_{A(C_2)}^{B} \boldsymbol{F}\cdot d\boldsymbol{r} \tag{6.19}$$

である．つまり，ある点 A から別の点 B へ異なる経路 $C_1, C_2$ で質点が移動したとしても，保存力のする仕事は変わらない．すなわち，**保存力のする仕事は，始点と終点のみで決まり，途中の経路に依存しないのである．**

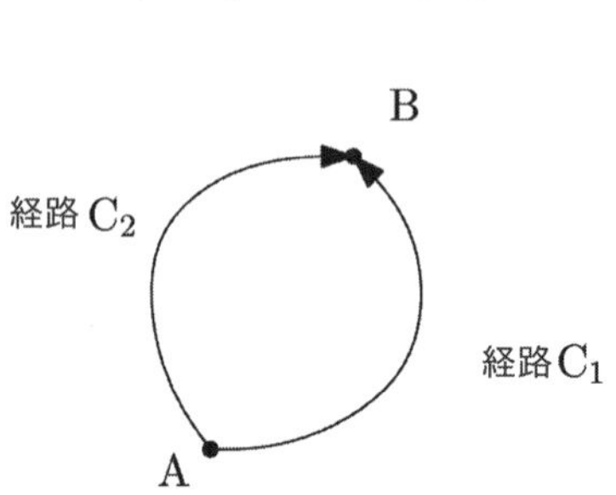


**図 6.6**　点 A から点 B までの 2 つの異なる経路．

**[例題 6.3]**

地表付近の重力が保存力であることを示せ.

[解] 図 6.7 のように，ある閉じた経路上に沿って地表付近の重力が質点にする仕事を考える．地表付近の重力には鉛直成分以外の成分はないので，質点の変位 $d\boldsymbol{r}$ と重力 $m\boldsymbol{g}$ の内積は，$d\boldsymbol{r}$ の鉛直方向の成分 $dz$ と重力の大きさ $mg$ の積である．重力のする仕事 $W$ はこれを積分したもので

$$W = \int_C m\boldsymbol{g} \cdot d\boldsymbol{r} = \int_C mgdz \tag{6.20}$$

である．ところで閉じた経路 C 上では始点と終点は同じであるからこの積分は 0 である．一般に，空間的に一様な力は保存力である．

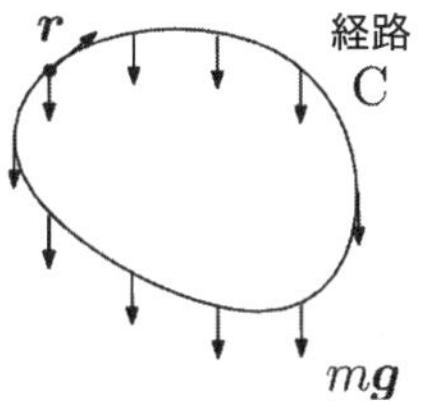


図 6.7 地表付近の重力が閉じた経路上でする仕事.

さらに，バネの復元力のような 1 次元ではたらく力は常に保存力である．なぜならこの場合，閉じた経路上での積分は常に

$$W = \int_{x_A}^{x_B} F(x)dx + \int_{x_B}^{x_A} F(x)dx = \int_{x_A}^{x_A} F(x)dx = 0 \tag{6.21}$$

となるからである.

同様に，中心力も保存力である．図 6.8 のように，質点の変位 $d\boldsymbol{r}$ と中心力 $\boldsymbol{F} = f(r)\boldsymbol{e}_r$ の内積は，$d\boldsymbol{r}$ の動径方向成分 $dr$ とその点での中心力の大きさ $F$ の積である．よって

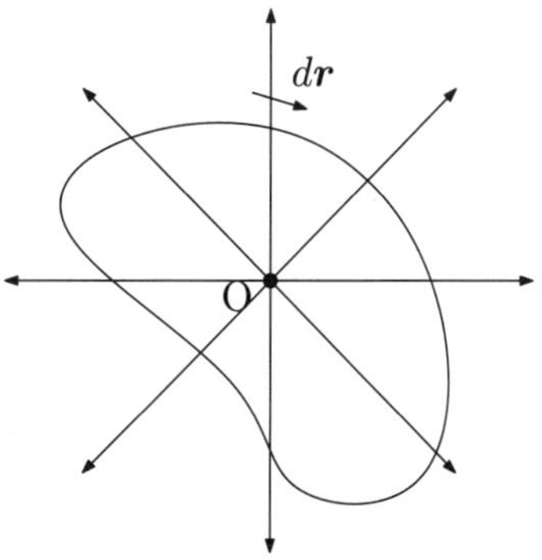


図 6.8 中心力が閉じた経路上でする仕事.

$$W = \oint \boldsymbol{F} \cdot d\boldsymbol{r} = \int_{r_A}^{r_A} f(r)dr = 0 \tag{6.22}$$

となる．

ところで，空間上の各点で力の向きと大きさが一意に定義されていることが保存力の前提条件である．次の例を考えてみよう．

**[例題 6.4]**

質点が 1 次元の閉じた経路 A→B→A を移動したとき，この質点には大きさが一定の摩擦力がはたらいた．この摩擦力は保存力かどうか調べよ．

[解]　摩擦力の方向は常に変位と逆向きである．摩擦力の大きさを $F > 0$ とし，$x_A < x_B$ とすると

$$W = \int_{x_A}^{x_B} \{-F\}dx + \int_{x_B}^{x_A} F dx < 0 \tag{6.23}$$

である．よって摩擦力は保存力ではない．

摩擦力は質点の運動方向に依存する力であり，空間上の各点で一意に定義された力ではない．よって摩擦力は保存力ではあり得ないのである．

空間の各点である物理量が一意に定義されているとき，それを**場**と呼ぶ．定義されている物理量が力であるときは**力場**という．他にも，密度場，速度場や電磁場，次に述べるポテンシャル場などがある．

## 6.5　ポテンシャルエネルギー

$\boldsymbol{F}$ を保存力とする．原点を基準点としたある点 A のポテンシャル，または**ポテンシャルエネルギー**を

$$U_A = -\int_O^A \boldsymbol{F} \cdot d\boldsymbol{r} = -W_A \tag{6.24}$$

と定義する．$W_A$ は原点から点 A まで $\boldsymbol{F}$ がする仕事である．ポテンシャルが定義できるためには，(6.24)の積分が経路に依存しないことが必要である．すなわち，保存力のみがポテンシャルをもつ．別の点 B のポテンシャル $U_B$ と $U_A$ の差をとると

$$\begin{aligned} U_B - U_A &= -\int_O^B \boldsymbol{F} \cdot d\boldsymbol{r} + \int_O^A \boldsymbol{F} \cdot d\boldsymbol{r} \\ &= -\int_A^B \boldsymbol{F} \cdot d\boldsymbol{r} = -W_{AB} \end{aligned} \tag{6.25}$$

である．$W_{AB}$ は $\boldsymbol{F}$ が点 A から点 B までする仕事である．この仕事の計算に基準点は現れないから，ポテンシャルの差は基準点をどこにとっても同じであることがわかる．

空間の各点に対してポテンシャルは一意に定義されているので，これを**ポテ**

**ンシャル場**ともいう．ポテンシャル場は，式 (6.24)に従って保存力場を基準点から空間の各点まで積分することによって求めることができる．

**[例題 6.5]**

地表付近の重力の場 $-m\boldsymbol{g}$ のポテンシャル場を求めよ．

[解]　地表 $(x_0, y_0, z_0)$ を基準点 O として点 A$(x, y, z)$ まで重力場を積分すると

$$
\begin{aligned}
U(\boldsymbol{r}) &= -\int_O^A \{-m\boldsymbol{g}\} \cdot d\boldsymbol{r} = \int_{z_0}^{z} mgdz \\
&= mg(z - z_0) \qquad (6.26)
\end{aligned}
$$

となる．重力場 $m\boldsymbol{g}$ に $z$ 成分しか存在しないので，ポテンシャル場も $z$ 座標のみに依存するのである．

**[例題 6.6]**

中心力場 $\boldsymbol{F}(r) = (k/r^2)\boldsymbol{e}_r$($k$ は定数) のポテンシャル場を求めよ．

[解]　基準点を無限遠 $r \to \infty$ のどこか (どこでもよい) にとると，そこでの力が 0 となり便利である．

$$
\begin{aligned}
U(\boldsymbol{r}) &= -\int_O^A \frac{k}{r^2}\boldsymbol{e}_r \cdot d\boldsymbol{r} = -\int_\infty^r \frac{k}{r^2}dr \\
&= \left[\frac{k}{r}\right]_\infty^r \\
&= \frac{k}{r} \qquad (6.27)
\end{aligned}
$$

次に，ポテンシャル場から保存力を求めることを考える．点 A と点 B のポテンシャルエネルギー差を，点 A と点 B が近づく極限で考えてみよう．点 B の位置ベクトルを $\boldsymbol{r} + d\boldsymbol{r}$，点 A の位置を $\boldsymbol{r}$ とすると，式 (6.25)より

$$
\begin{aligned}
U(\boldsymbol{r} + d\boldsymbol{r}) - U(\boldsymbol{r}) &= -\int_{\boldsymbol{r}}^{\boldsymbol{r}+d\boldsymbol{r}} \boldsymbol{F} \cdot d\boldsymbol{r} \\
&= -\boldsymbol{F} \cdot d\boldsymbol{r} \qquad (6.28)
\end{aligned}
$$

となる．二番目の等号は $d\boldsymbol{r}$ が微少量であることを利用した近似である．ポテンシャル場 $U(\boldsymbol{r})$ の変化量

$$
\begin{aligned}
dU &= U(\boldsymbol{r} + d\boldsymbol{r}) - U(\boldsymbol{r}) \\
&= U(x + dx, y + dy, z + dz) - U(x, y, z) \qquad (6.29)
\end{aligned}
$$

は，$U(\boldsymbol{r})$ の (座標軸方向の変位)×(その座標軸方向の傾き) の和として

$$
dU = \frac{\partial U}{\partial x}dx + \frac{\partial U}{\partial y}dy + \frac{\partial U}{\partial z}dz \qquad (6.30)
$$

と表される．式 (6.30) 中の $\frac{\partial}{\partial x}$ は $y, z$ を一定にしておいて $x$ について微分することを意味する．このような微分を偏微分という．

一方，式 (6.28) に

$$\boldsymbol{F} = F_x \boldsymbol{e}_x + F_y \boldsymbol{e}_y + F_z \boldsymbol{e}_z, \tag{6.31}$$

$$d\boldsymbol{r} = dx \boldsymbol{e}_x + dy \boldsymbol{e}_y + dz \boldsymbol{e}_z \tag{6.32}$$

を代入すると，

$$dU = -\left(F_x dx + F_y dy + F_z dz\right) \tag{6.33}$$

となる．式 (6.30) と式 (6.33) を比較することにより，

$$F_x = -\frac{\partial U}{\partial x}, \quad F_y = -\frac{\partial U}{\partial y}, \quad F_z = -\frac{\partial U}{\partial z} \tag{6.34}$$

という関係が得られる．

式 (6.34) を式 (6.31) に入れると

$$\begin{aligned} \boldsymbol{F} &= -\left(\frac{\partial U}{\partial x}\boldsymbol{e}_x + \frac{\partial U}{\partial y}\boldsymbol{e}_y + \frac{\partial U}{\partial z}\boldsymbol{e}_z\right) \\ &= -\left(\boldsymbol{e}_x \frac{\partial}{\partial x} + \boldsymbol{e}_y \frac{\partial}{\partial y} + \boldsymbol{e}_z \frac{\partial}{\partial z}\right) U \end{aligned} \tag{6.35}$$

と書ける．ここで，微分演算子ナブラを

$$\boldsymbol{\nabla} = \boldsymbol{e}_x \frac{\partial}{\partial x} + \boldsymbol{e}_y \frac{\partial}{\partial y} + \boldsymbol{e}_z \frac{\partial}{\partial z} \tag{6.36}$$

と定義すると，式 (6.35) は

$$\boldsymbol{F} = -\boldsymbol{\nabla} U = -\mathrm{grad} U = -\frac{\partial U}{\partial \boldsymbol{r}} \tag{6.37}$$

と表される．ここで，grad は gradient の略であり，勾配を意味する．文字通り，$\boldsymbol{\nabla} U(\boldsymbol{r})$ はポテンシャル場 $U(\boldsymbol{r})$ の各点における傾きを表している．式

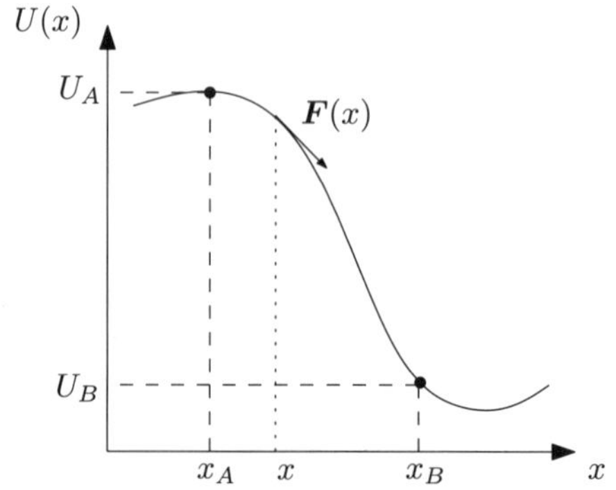


**図 6.9** ポテンシャル場の勾配と力の向き．

(6.37)右辺の負号は，力がポテンシャル場の勾配を下る向きを向いていることを示している (図 6.9).

[例題 **6.7**]

中心力のポテンシャル場 $U(\boldsymbol{r}) = k/r$ から中心力場 $\boldsymbol{F}$ を求めよ.

[解]

$$\frac{\partial}{\partial x}\frac{1}{r} = -\frac{1}{r^2}\frac{\partial r}{\partial x} = -\frac{x}{r^3} \tag{6.38}$$

であるから,

$$\begin{aligned}\boldsymbol{\nabla}\frac{1}{r} &= -\frac{1}{r^3}(x\boldsymbol{e}_x + y\boldsymbol{e}_y + z\boldsymbol{e}_z)\\ &= -\frac{\boldsymbol{r}}{r^3} = -\frac{\boldsymbol{e}_r}{r^2}\end{aligned} \tag{6.39}$$

である. よって

$$\boldsymbol{F}(r) = -\boldsymbol{\nabla}\frac{k}{r} = \frac{k}{r^2}\boldsymbol{e}_r \tag{6.40}$$

である.

## 6.6　力学的エネルギー保存則

保存力による運動では，式 (6.14)と (6.25)より

$$U_B - U_A = -(K_B - K_A) \tag{6.41}$$

$$\therefore \quad U_A + K_A = U_B + K_B \tag{6.42}$$

となる. これは，ポテンシャル場の中で，$E = U + K$ という量が位置によらず一定であることを示している. この $E$ を**力学的エネルギー**と呼び，$E$ が一定であることを**力学的エネルギー保存則**という.

## 6.7　非保存力の場合

前節で述べたように，保存力の場合には力学的エネルギー保存則が成り立つ. 一方，摩擦力や抵抗力，または人為的に作成した粒子加速器の力場などのような保存力でない力の場合には，力学的エネルギー保存則は成り立たず，力場が物体にする仕事によって力学的エネルギーは変化する. この非保存力による力学的エネルギーの変化を求めよう. 今，質点に保存力 $-\nabla U$ と非保存力 $\boldsymbol{F}'$ がはたらくとすると，質点の運動方程式は

$$m\ddot{\boldsymbol{r}} = -\nabla U + \boldsymbol{F}' \tag{6.43}$$

となる．ここで，$\boldsymbol{F}'$ は摩擦力や抵抗力などの非保存力である．両辺と $\dot{\boldsymbol{r}}$ とのスカラー積をとると

$$\frac{d}{dt}\left(\frac{1}{2}m\dot{\boldsymbol{r}}^2+U\right)=\frac{dE}{dt}=\boldsymbol{F}'\cdot\dot{\boldsymbol{r}} \tag{6.44}$$

となる．時間で積分すると

$$\begin{aligned}\int_{t_A}^{t_B}\frac{d}{dt}Edt=E_B-E_A&=\int_{t_A}^{t_B}\boldsymbol{F}'\cdot\dot{\boldsymbol{r}}dt\\&=\int_A^B\boldsymbol{F}'\cdot d\boldsymbol{r}=W'\end{aligned} \tag{6.45}$$

となる．すなわち力学的エネルギーは，非保存力がした仕事分変化する．特に摩擦力や流体による抵抗力のような非保存力は，常に質点の運動方向と逆向きであるため，$\boldsymbol{F}'\cdot d\boldsymbol{r}<0$ である．よって式 6.45 の積分値は

$$E_B-E_A=W'<0 \tag{6.46}$$

となり，力学的エネルギーは減少する．これを力学的エネルギーの散逸という．

一方，空間的・時間的に不均一な力場をデザインし，そのなかで粒子を運動させることで粒子を加速することができる．このときは $\boldsymbol{F}'\cdot d\boldsymbol{r}>0$ であるから，非保存力のする仕事は正で，

$$E_B-E_A=W'>0 \tag{6.47}$$

である．すなわち力学的エネルギーは非保存力場からの仕事を受けて増加する．

### コラム：エネルギーの形態と保存則

エネルギーにはいろいろな形態がある．ここで述べた力学的エネルギーのほかに，熱エネルギー，電気的エネルギー，化学的エネルギー，核エネルギーなどである．摩擦力のような非保存力があるときには，力学的エネルギーは減少するが，その減少した力学的エネルギーは熱エネルギーに姿を変えただけであり，これらの総和である全エネルギーは一定に保たれる．また，電線に電流を流すと電線が有限の電気抵抗をもつため熱が発生する．この熱をジュール熱という．この場合にも，電気的エネルギーが減少した分だけ熱エネルギーに変わったので，全エネルギーは一定に保たれている．このように，すべての形態のエネルギーの総和としての全エネルギーは常に一定に保たれており，**エネルギー保存則**とよばれる．エネルギー保存則は物理学における最も重要な保存則のひとつである．

## 章末問題 6

**6.1** 図 6.10 に示すように，原点 O を中心とする半径 $a$ の円がある．$x$ 軸上の点 A から円周の経路を通って $y$ 軸上の点 B まで 質量 $m$ の物体を持ち上げるとき，この経路に沿った線積分を実行して重力のする仕事を求めよ．ただし，物体が点 P にあるときの位置を 2 次元極座標 $(a, \varphi_i)$ で表し，重力加速度の大きさを $g$ とする．

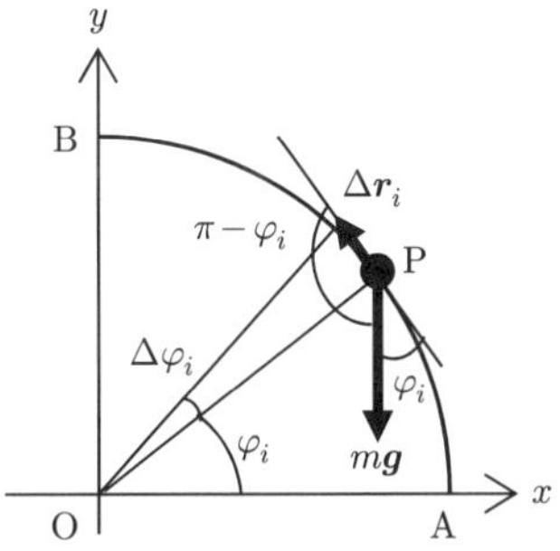


図 **6.10**

**6.2** 章末問題 5.3 において，力学的エネルギーの保存則を適用することにより，次の問いに答えよ．

(a) 最接近距離 $r$ とそのときの隕石の速さ $v$ を求めよ．ただし太陽の質量を $M$，万有引力定数を $G$ とする．

(b) 太陽の半径を $R$ としたとき，隕石が太陽に衝突しない最小の $b$ を求めよ．

(c) この隕石が太陽に衝突してすべての力学的エネルギーが熱エネルギーに変換されたとする．この熱エネルギーを求めよ．

**6.3** 地球から火星に向けて探査船を送ることを考えよう．ただし探査船の質量を $m$，地球の質量と半径をそれぞれ $M_1, R_1$．火星の質量と半径をそれぞれ $M_2, R_2$ とする．

(a) 探査船が地球にもどってこない最小の打ち上げ速度 (離脱速度)$v_1$ を求めよ．

(b) この探査船は地表に衝突させ地中に打ち込むタイプだとする．地球の離脱速度 $v_1$ で打ち上げた探査船が火星表面に衝突する直前の速さ $v_2$ を求めよ．

(c) 衝突時の摩擦力は，衝突速度によらず単位距離あたり $F'$ であるとする．$v_2$ で地表に衝突した探査船が到達できる地表からの深さ $h$ を求めよ．ただし，火星表層部の重力は深さに関わらず一定とする．

(d) 衝突直前の探査船の速さを $n$ 倍にすると，$h$ は何倍になるか．

**6.4** 運動方程式 $m\ddot{x} = -kx$ にしたがって，$x$ 軸上を単振動する質点を考える．

(a) 運動方程式の両辺に $\dot{x}$ を乗じて時間 $t$ について積分することによって，力学的エネルギー保存則を導け．

(b) 運動方程式の一般解が $x(t) = A\cos(\omega t + \alpha)$ と表せることを用いて，質点の力学的エネルギーを計算し，これが保存されていることを確認せよ．

**6.5** 前問で考えた質点の単振動について，運動エネルギーと位置エネルギーの 1 周期にわたる平均値が等しいことを示せ．

# 7
# 二体の運動

ここまでは一個の質点の運動を扱ってきた．本章では，相互に力を及ぼしあう二つの質点の力学を学ぶ．応用例として，万有引力で引きあう太陽と惑星の運動と二物体の衝突現象を取り上げる．

## 7.1 二体問題

質量 $m_1$ の質点 1 と質量 $m_2$ の質点 2 で構成される二質点系を考えよう（図 7.1）．質点 1 が 2 から力 $\boldsymbol{F}$ を受けているとすると，質点 2 にはその反作用 $-\boldsymbol{F}$ がはたらく（作用・反作用の法則）．このように相互作用する二質点の運動を求める問題を**二体問題**という．質点 1, 2 の位置ベクトルを $\boldsymbol{r}_1$, $\boldsymbol{r}_2$ とすると，この二質点系の力学は，運動方程式

$$m_1\ddot{\boldsymbol{r}}_1 = \boldsymbol{F} \tag{7.1}$$

$$m_2\ddot{\boldsymbol{r}}_2 = -\boldsymbol{F} \tag{7.2}$$

によって記述される．

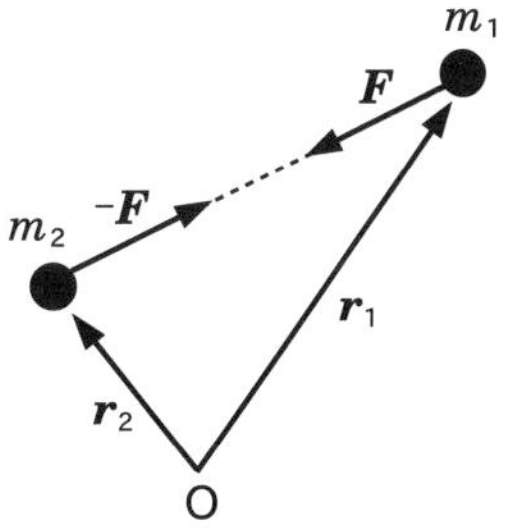


図 7.1　相互作用する二つの質点

二体問題を解くとき，次の二つの位置ベクトルを導入すると便利である．

$$\boldsymbol{r}_c = \frac{m_1\boldsymbol{r}_1 + m_2\boldsymbol{r}_2}{m_1 + m_2} \tag{7.3}$$

$$\boldsymbol{r} = \boldsymbol{r}_1 - \boldsymbol{r}_2 \tag{7.4}$$

位置ベクトル $\boldsymbol{r}_c$ で指定される点を質点 1 と 2 の**重心**（center of gravity）または**質量中心**（center of mass）という．以下で示すように，重心は等速直線運動する．式 (7.4)の $\boldsymbol{r}$ は，質点 2 から見た質点 1 の位置ベクトルであり，このベクトルの向きと大きさの変化から，一方の質点に相対的な他方の回転や振動のようすがわかる．

式 (7.3)と (7.4)を $\boldsymbol{r}_1$ と $\boldsymbol{r}_2$ について解けば

$$\boldsymbol{r}_1 = \boldsymbol{r}_c + \frac{m_2}{m_1 + m_2}\boldsymbol{r} \tag{7.5}$$

$$\boldsymbol{r}_2 = \boldsymbol{r}_c - \frac{m_1}{m_1 + m_2}\boldsymbol{r} \tag{7.6}$$

となる．重心座標 $\boldsymbol{r}_c$ と相対座標 $\boldsymbol{r}$ が定まれば，式 (7.5)と (7.6)から各質点の座標が決まる．

■**重心運動**　各質点の運動方程式 (7.1)と (7.2)を加え合わせると，

$$m_1\ddot{\boldsymbol{r}}_1 + m_2\ddot{\boldsymbol{r}}_2 = 0 \tag{7.7}$$

となるが，重心の定義式 (7.3)からわかるように，

$$\text{式 (7.7)の左辺} = (m_1 + m_2)\ddot{\boldsymbol{r}}_c \tag{7.8}$$

と表せる．上の 2 式から，重心の運動方程式が

$$(m_1 + m_2)\ddot{\boldsymbol{r}}_c = 0 \tag{7.9}$$

と得られ，重心の加速度 $\ddot{\boldsymbol{r}}_c$ が 0，すなわち，重心が等速直線運動することがわかる．

■**相対運動**　式 (7.1)と (7.2)を

$$\ddot{\boldsymbol{r}}_1 = \frac{1}{m_1}\boldsymbol{F} \tag{7.10}$$

$$\ddot{\boldsymbol{r}}_2 = -\frac{1}{m_2}\boldsymbol{F} \tag{7.11}$$

と書いて，上の式から下の式を引くと，

$$\ddot{\boldsymbol{r}} = \left(\frac{1}{m_1} + \frac{1}{m_2}\right)\boldsymbol{F} \tag{7.12}$$

となる．さらに

$$\frac{1}{\mu} = \frac{1}{m_1} + \frac{1}{m_2} \tag{7.13}$$

とおくと，相対運動の方程式として，

$$\mu\ddot{\boldsymbol{r}} = \boldsymbol{F} \tag{7.14}$$

が得られる．これは一個の質点が力 $\boldsymbol{F}$ を受ける場合の運動方程式と同じ形をしている．すなわち，重心運動を別にすれば，二体問題は質量 $\mu$ をもつ一個の質点の力学と同等である．この質量 $\mu$ を**換算質量**という．

## 7.2 惑星の運動

ヨハネス・ケプラー（1571–1630）は，デンマークの天文学者ティコ・ブラーエ（1546–1601）が残した膨大な天体観測の記録を解析し，惑星の運動に関する次の三つの法則を見いだした．

**ケプラーの三法則**

第一法則：惑星は太陽を焦点とする楕円軌道上を運行する．

第二法則：太陽と惑星を結ぶ動径が単位時間に掃いて描く扇形の面積は一定である（面積速度一定の法則）．

第三法則：惑星の公転周期の 2 乗と楕円軌道の長径の 3 乗との比は，すべての惑星について等しい．

ケプラーの第一，第二法則は 1609 年，第三法則は 10 年後の 1619 年に発表された．

ニュートン（1642–1727）は，ケプラーの法則を深く考察し，惑星が太陽のまわりを周回するのは太陽から引力を受けているためだと考えるとケプラーの第二法則が理解できること，さらにこの引力の大きさが太陽からの距離の 2 乗に反比例するという特徴をもつとき，残りの第一，第三法則が説明できることを示した．ニュートンはまた，地上の物体に作用する重力についても考えていた．りんごを地上に落下させる重力は，地球が月をつなぎ止めている力と同じものではないか．だとすると重力は，太陽と惑星の間にはたらく引力と同様な力であるに違いない．ニュートンはこのような考えを推し進め，次のように結論した．質量をもつすべての物体間には引力がはたらき，それらの質量を $m_1$，$m_2$，物体間の距離を $r$，引力の大きさを $F$ とすると，

$$F = G\frac{m_1 m_2}{r^2} \tag{7.15}$$

が成り立つ．これを**万有引力の法則**という．ここで $G$ は万有引力定数とよばれる普遍定数で，実験によるとその値は，

$$G = 6.67 \times 10^{-11}\ \mathrm{N{\cdot}m^2/kg^2} \tag{7.16}$$

である．

本節では，ケプラーの法則がニュートン力学からどのように導かれるかを見ていく．

### 7.2.1 太陽と惑星の二体問題

太陽の質量を $m'$，惑星の質量を $m$，太陽から見た惑星の位置ベクトルを $\boldsymbol{r}$ とする．太陽と惑星の間には万有引力がはたらく．太陽から惑星に向かう単位ベクトルを $\boldsymbol{e}_r = \boldsymbol{r}/r$ として，惑星に作用する万有引力を向きも含めて表せば，

$$\boldsymbol{F} = -F\boldsymbol{e}_r, \quad F = G\frac{mm'}{r^2} \tag{7.17}$$

である．太陽に相対的な惑星の運動は，換算質量を

$$\mu = \frac{mm'}{m+m'} \tag{7.18}$$

として，

$$\mu\ddot{\boldsymbol{r}} = -F\boldsymbol{e}_r \tag{7.19}$$

で記述される．

### 7.2.2 角運動量保存則とケプラーの第二法則

惑星に作用する万有引力 $\boldsymbol{F}$ は，太陽の位置を力の中心とする中心力なので，角運動量 $\boldsymbol{L} = \boldsymbol{r} \times \mu\dot{\boldsymbol{r}}$ が保存される（5.5 節参照）．ベクトル積の定義から明らかなように，位置ベクトル $\boldsymbol{r}$ と速度 $\boldsymbol{v} = \dot{\boldsymbol{r}}$ はともに $\boldsymbol{L}$ と垂直であり，したがって，$\boldsymbol{L} =$ 一定ということは，$\boldsymbol{r}$ と $\boldsymbol{v}$ を含む平面も不変，すなわち，惑星は角運動量 $\boldsymbol{L}$ に垂直な平面内で運動することを意味している（図 7.2）．

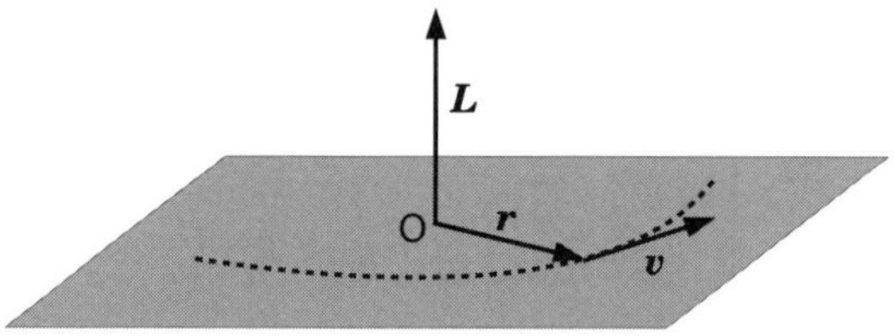


図 7.2

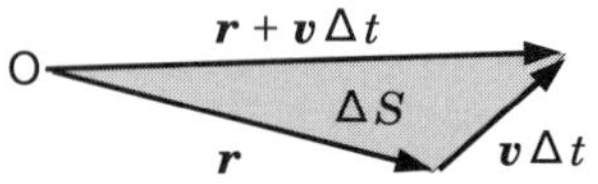


図 7.3

角運動量 $\boldsymbol{L}$ が一定という事実からケプラーの第二法則（面積速度一定の法則）を導くことができる．図 7.3 のように，惑星の位置ベクトル $\boldsymbol{r}$ が微小時間 $\Delta t$ の間に掃く三角形の面積 $\Delta S$ を考えよう．これは

$$\Delta S = \frac{1}{2}|\boldsymbol{r} \times (\boldsymbol{r} + \boldsymbol{v}\Delta t)| = \frac{1}{2}|\boldsymbol{r} \times \boldsymbol{v}|\Delta t \tag{7.20}$$

と表せる．両辺を $\Delta t$ で割り，$\Delta t \to 0$ の極限をとると，

$$\frac{dS}{dt} = \frac{1}{2}|\boldsymbol{r} \times \boldsymbol{v}| = \frac{1}{2\mu}|\boldsymbol{L}| \tag{7.21}$$

を得る．$dS/dt$ は単位時間あたりに位置ベクトルが掃く面積であり，これを**面積速度**という．$\boldsymbol{L}$ が一定なので，

$$\frac{dS}{dt} = \frac{1}{2}|\boldsymbol{r} \times \boldsymbol{v}| = \text{一定} \tag{7.22}$$

である．こうしてケプラーの第二法則が導かれた．

### 7.2.3　極座標を用いた記述

上で述べたように，角運動量 $\boldsymbol{L}$ が一定の運動は，$\boldsymbol{L}$ に垂直な平面内の 2 次元運動である．この運動を 2 次元極座標 $(r,\ \varphi)$ を用いて表そう．動径方向の単位ベクトルを $\boldsymbol{e}_r$, 方位角方向の単位ベクトルを $\boldsymbol{e}_\varphi$ とすれば，位置ベクトル $\boldsymbol{r}$ と速度 $\dot{\boldsymbol{r}}$ は

$$\boldsymbol{r} = r\boldsymbol{e}_r \tag{7.23}$$

$$\dot{\boldsymbol{r}} = \dot{r}\boldsymbol{e}_r + r\dot{\boldsymbol{e}}_r = \dot{r}\boldsymbol{e}_r + r\dot{\varphi}\boldsymbol{e}_\varphi \tag{7.24}$$

と表せる．これらを使って角運動量を計算すると，

$$\boldsymbol{L} = \boldsymbol{r} \times \mu\dot{\boldsymbol{r}} = \mu r\boldsymbol{e}_r \times (\dot{r}\boldsymbol{e}_r + r\dot{\varphi}\boldsymbol{e}_\varphi) = \mu r^2\dot{\varphi}\,\boldsymbol{e}_z \quad (\boldsymbol{e}_z = \boldsymbol{e}_r \times \boldsymbol{e}_\varphi) \tag{7.25}$$

となる．式 (7.25)と $\boldsymbol{L}$ が保存されていることから，

$$r^2\dot{\varphi} = \text{一定} \tag{7.26}$$

が成り立つことがわかる．この一定値を $h$ とおこう．

$$h = r^2\dot{\varphi}\ (= \text{一定}) \tag{7.27}$$

定数 $h$ を用いて式 (7.21)の面積速度を表せば，

$$\frac{dS}{dt} = \frac{h}{2} \tag{7.28}$$

である．

式 (7.24)を時間で微分し，加速度を計算すると，

$$\begin{aligned}\ddot{\boldsymbol{r}} &= (\ddot{r} - r\dot{\varphi}^2)\boldsymbol{e}_r + (2\dot{r}\dot{\varphi} + r\ddot{\varphi})\boldsymbol{e}_\varphi \\ &= (\ddot{r} - r\dot{\varphi}^2)\boldsymbol{e}_r + \frac{1}{r}\frac{d}{dt}(r^2\dot{\varphi})\boldsymbol{e}_\varphi\end{aligned} \tag{7.29}$$

となるが，上で述べたように $r^2\dot{\varphi} = $ 一定なので，右辺の第 2 項は 0 になる．よって，

$$\ddot{\boldsymbol{r}} = (\ddot{r} - r\dot{\varphi}^2)\boldsymbol{e}_r \tag{7.30}$$

である．これを運動方程式 (7.19)に代入すると，

$$\mu(\ddot{r} - r\dot{\varphi}^2) = -F \tag{7.31}$$

を得る．左辺の $\dot{\varphi}$ を式 (7.27)を使って消去すると，

$$\mu\left(\ddot{r}-\frac{h^2}{r^3}\right)=-F \tag{7.32}$$

となる．この運動方程式を適当な初期条件の下で解けば，$r$ が時間 $t$ の関数として定まる．

式 (7.32)の解のうちでもっとも簡単なものは，等速円運動である*．等速円運動は，$F$ がどのようなものであっても式 (7.32)の一つの特解になる．ニュートンは，$F$ が万有引力の場合に式 (7.32)で記述される運動の軌道が，円だけでなく，楕円にも，放物線にも，双曲線にもなることを示した*．このことを次に説明しよう．

等速円運動は明らかに面積速度一定の運動である．

楕円，放物線，双曲線を総称して円錐曲線という．

### 7.2.4　惑星の軌道とケプラーの第一法則

軌道を調べるには，$r$ を $\varphi$ の関数として求めればよい．そのために，

$$\frac{dr}{dt}=\frac{dr}{d\varphi}\frac{d\varphi}{dt}=\frac{h}{r^2}\frac{dr}{d\varphi} \tag{7.33}$$

$$\frac{d^2r}{dt^2}=\frac{d}{dt}\left(\frac{h}{r^2}\frac{dr}{d\varphi}\right)=\frac{h}{r^2}\frac{d}{d\varphi}\left(\frac{h}{r^2}\frac{dr}{d\varphi}\right) \tag{7.34}$$

を式 (7.32)に代入して，$r(\varphi)$ に関する微分方程式をつくると，

$$\frac{d}{d\varphi}\left(\frac{1}{r^2}\frac{dr}{d\varphi}\right)-\frac{1}{r}=-\frac{r^2}{\mu h^2}F \tag{7.35}$$

となる．万有引力の具体的な形（$F=Gmm'/r^2$）を右辺に代入し，

$$\frac{1}{l}=\frac{r^2}{\mu h^2}F=\frac{Gmm'}{\mu h^2} \tag{7.36}$$

とおいて長さの次元をもつ定数 $l$ を導入すると，式 (7.35)は

$$\frac{d}{d\varphi}\left(\frac{1}{r^2}\frac{dr}{d\varphi}\right)-\frac{1}{r}=-\frac{1}{l} \tag{7.37}$$

となる．

式 (7.37)は次のような変数変換をすると簡単になる．すなわち，変数を $r$ から

$$u=\frac{1}{r} \tag{7.38}$$

に変換する．そうすると，

$$\frac{du}{d\varphi}=\frac{du}{dr}\frac{dr}{d\varphi}=-\frac{1}{r^2}\frac{dr}{d\varphi} \tag{7.39}$$

であるから，式 (7.37)は

$$\frac{d^2u}{d\varphi^2}+u=\frac{1}{l} \tag{7.40}$$

と変換される．これは非同次線形微分方程式なので，その一般解は，右辺を 0 とした同次方程式の一般解と非同次方程式の特解の和で表される．同次方程式は単振動の運動方程式と同形である．また，

$$u = \text{右辺の定数} = \frac{1}{l} \tag{7.41}$$

とおけば，これが特解になることがすぐにわかる．したがって，式 (7.40)の一般解は

$$u = A\cos(\varphi + \alpha) + \frac{1}{l} \tag{7.42}$$

と書ける．ただし $A, \alpha$ は任意の定数である．

こうして，軌道を表す式が

$$r = \frac{l}{1 + \epsilon\cos(\varphi + \alpha)} \tag{7.43}$$

と得られる．ここで，

$$A = \frac{\epsilon}{l} \tag{7.44}$$

とおき，無次元のパラメータ $\epsilon$ を導入した．

式 (7.43)で表される軌道は定数 $\alpha$, $\epsilon$ の値に応じて決まるが，$\alpha$ は方位角 $\varphi$ の原点をシフトさせるだけなので，軌道を描くときに適当な値に選んでよい．また，$\epsilon \geq 0$ のみを考えれば十分である．なぜなら，$\epsilon \to -\epsilon$ の変換は，$\alpha \to \alpha + \pi$ の変換と等価だからである．したがって

$$r = \frac{l}{1 + \epsilon\cos\varphi} \quad (\epsilon \geq 0) \tag{7.45}$$

としてよい．

$\epsilon \geq 1$ のとき，式 (7.45)の分母が 0 になり $r$ が発散する方位角 $\varphi$ が存在することに注意しよう．式 (7.45)は，$\epsilon = 1$ のとき**放物線**，$\epsilon > 1$ のとき**双曲線**を表すが（問 7.1），これらの“開いた”軌道は，宇宙のかなたから太陽に近づき再び無限遠に飛び去るような天体の運動を表していると考えられる．

$\epsilon < 1$ のときはすべての $\varphi$ に対して $r$ は有限であり，以下で示すように，この場合の軌道は**楕円**になる．これが惑星の運動に相当し，このことはケプラーの第一法則と一致している．パラメータ $\epsilon$ は離心率とよばれる．

$\epsilon < 1$ の場合に式 (7.45)が楕円軌道を表すことを示そう．楕円は二つの定点からの距離の和が一定となる点の集合である．この二つの定点を楕円の焦点という．図 7.4 のような，点 $\mathrm{F}(c, 0)$ と $\mathrm{F}'(-c, 0)$ を焦点とする，長径 $a$，短径 $b$ の楕円を考えよう．点 P が $x$ 軸上にあるとき，

$$\overline{\mathrm{FP}} + \overline{\mathrm{F'P}} = r + r' = 2a \tag{7.46}$$

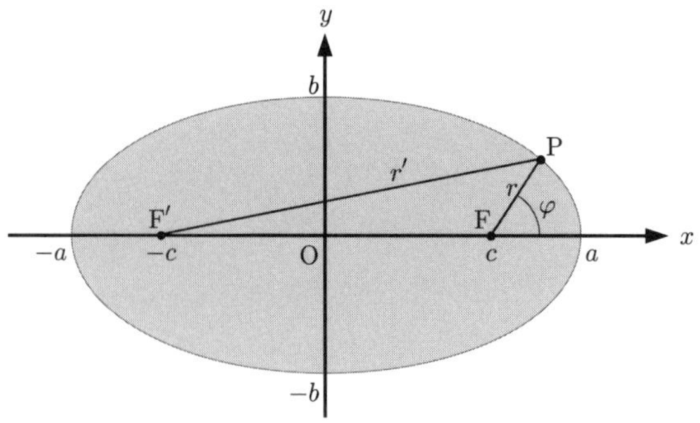


図 **7.4** 楕円

である．また，点 P が $y$ 軸上にあるとき，

$$r + r' = 2\sqrt{b^2 + c^2} \tag{7.47}$$

である．式 (7.46)，(7.47)，および，$r + r' =$ 一定から，距離 $a, b, c$ の間には

$$a = \sqrt{b^2 + c^2} \tag{7.48}$$

の関係があることがわかる．図のように，$\overrightarrow{\mathrm{FP}}$ と $x$ 軸のなす角を $\varphi$ とすると，点 P の $x$ 座標は

$$x = c + r\cos\varphi \tag{7.49}$$

と表せるが，

$$r'^2 = (x+c)^2 + y^2 = (x-c)^2 + y^2 + 4cx = r^2 + 4cx \tag{7.50}$$

であるので，

$$r'^2 = r^2 + 4c(c + r\cos\varphi) \tag{7.51}$$

が成り立つ*．これを式 (7.46)から得られる関係式 $r'^2 = (2a - r)^2$ に代入すると，

$$r = \frac{a^2 - c^2}{a + c\cos\varphi} = \frac{b^2}{a + c\cos\varphi} \tag{7.52}$$

が得られる．焦点が原点 O から離れている度合いを表すパラメータとして，離心率

$$\epsilon = c/a \quad (0 \leq \epsilon < 1) \tag{7.53}$$

を導入すれば，

$$b^2 = a^2 - c^2 = (1 - \epsilon^2)a^2 \tag{7.54}$$

*式 (7.51)は余弦定理を使って導くこともできる（付録参照）．

なので，楕円の方程式が

$$r = \frac{(1-\epsilon^2)a}{1+\epsilon\cos\varphi} \tag{7.55}$$

と書けることがわかる．さらに，長さの次元をもつ定数として，

$$l = (1-\epsilon^2)a \tag{7.56}$$

を導入すると，式 (7.55)は式 (7.45)と一致する．こうして，$\epsilon < 1$ のとき，式 (7.45)が楕円軌道を表すことがわかった．図 7.4 の焦点 F が太陽の位置，点 P が惑星の位置に対応している．長さ $l$ の幾何学的な意味は，$\varphi = \pi/2$ のときの距離 $\overline{\mathrm{FP}}$ である．

**問 7.1**　式 (7.45)を二次元デカルト座標 $(x,\ y) = (r\cos\varphi,\ r\sin\varphi)$ を用いて表せ．また，$\epsilon = 1$, $\epsilon > 1$, $\epsilon < 1$ の場合に分けてグラフを描け．

## 7.2.5　惑星の周期とケプラーの第三法則

太陽から惑星に向かう動径ベクトルは，一定の面積速度 $dS/dt = h/2$ で回転し，1 公転の間に面積 $\pi ab$ の楕円を描くので，惑星の公転周期 $T$ は，

$$T = \frac{\pi ab}{h/2} = \frac{2\pi ab}{h} \tag{7.57}$$

から計算できる．右辺の $b$ を式 (7.54)を使って消去すると，

$$T = \frac{2\pi a^2\sqrt{1-\epsilon^2}}{h} \tag{7.58}$$

となる．さらに式 (7.36)と (7.56)から得られる関係式

$$h^2 = \frac{Gmm'}{\mu}(1-\epsilon^2)a \tag{7.59}$$

を使って $h$ を消去すると，

$$T = 2\pi\sqrt{\frac{\mu a^3}{Gmm'}} \tag{7.60}$$

となる．これから

$$\frac{T^2}{a^3} = \frac{4\pi^2\mu}{Gmm'} \tag{7.61}$$

の関係が得られるが，$m/m' \ll 1$（$\mu \simeq m$）なので*，

$$\frac{T^2}{a^3} = \frac{4\pi^2}{Gm'} \tag{7.62}$$

としてよい．この式は，$T^2/a^3$ がすべての惑星について等しいこと，すなわち，ケプラーの第三法則が成り立つことを表している．

*太陽系の惑星の中で最大の質量をもつ木星でも，その質量 $m$ は太陽の質量 $m'$ の $10^{-3}$ 倍程度しかない．

## 7.3 二物体の衝突

互いに独立に運動していた二つの物体が接近して力を及ぼしあうと，それらがはじめにもっていた運動量や運動エネルギーが変化する．このような現象を衝突という．

### 7.3.1 二質点の重心運動と運動量保存則

一般に，相互作用する二物体の運動状態は互いに関係しながら変化する．この関係がどのようなものであるかを説明しよう．そのために，相互に力を及ぼし合う質量 $m_1$ の質点 1 と質量 $m_2$ の質点 2 を考え，この二質点系の外から作用する力（外力）はないとする*．7.1 節で同様な二質点系の運動を調べた．そこで示されたように，この二質点の重心は等速直線運動する [式 (7.9)]．また，重心座標の定義式 (7.3)から明らかなように，重心の速度 $\boldsymbol{v}_c$ と質点 1, 2 の速度 $\boldsymbol{v}_1$, $\boldsymbol{v}_2$ の間には

$$\boldsymbol{v}_c = \frac{m_1\boldsymbol{v}_1 + m_2\boldsymbol{v}_2}{m_1 + m_2} \tag{7.63}$$

の関係がある．これらのことから次の結論が導かれる．相互作用によって引き起こされる各質点の速度変化には，$\boldsymbol{v}_c =$ 一定，すなわち，

$$m_1\boldsymbol{v}_1 + m_2\boldsymbol{v}_2 = \text{一定} \tag{7.64}$$

の制限がつく．この式の左辺は，質点 1 の運動量 $m_1\boldsymbol{v}_1$ と質点 2 の運動量 $m_2\boldsymbol{v}_2$ の和であるから，“相互作用は質点系の全運動量を変化させない” と言ってもよい．相互作用によって各質点の運動量はそれぞれ変化するが，全運動量

*地上での運動を考えると，重力や空気抵抗が外力の例となる．

**コラム：ブラーエ，ケプラー，ニュートン**

デンマークの保守的な貴族ティコ・ブラーエ（1546–1601）は占星術のために，精密な天体観測を長年にわたって行った．ブラーエの死後，彼の観測データは，助手をつとめていたケプラー（1571–1630）に引き継がれた．ケプラーは，その膨大な観測結果から天体の運行に関する数学的な法則を見いだした．ニュートン (1642-1727) は，万有引力の法則にもとづいて，ケプラーの法則を理論的に完全に説明し，著書『プリンキピア（自然哲学の数学的原理)』(1687) にまとめ上げ，ニュートン力学を完成させた．ニュートン力学の形成は，近代科学の発展の典型的な道筋をたどっている．すなわち、観測（実験）データの蓄積 → 法則性の発見 → 数学的（理論的）に法則を説明，という道筋である．ニュートンは偉大な天才であったが．彼の研究はそれ以前の多くの研究の積み重ねを踏まえてなされたことも事実である．

は保存されるのである．

外力の影響を調べよう．質点 1, 2 にはたらく外力を $\boldsymbol{F}_1$, $\boldsymbol{F}_2$ とし，質点 1 が 2 から受ける力を $\boldsymbol{F}$ とすれば，各質点の運動方程式は，

$$m_1\dot{\boldsymbol{v}}_1 = \boldsymbol{F}_1 + \boldsymbol{F} \tag{7.65}$$

$$m_2\dot{\boldsymbol{v}}_2 = \boldsymbol{F}_2 - \boldsymbol{F} \tag{7.66}$$

と書ける．この 2 式を加え合わせると，

$$m_1\dot{\boldsymbol{v}}_1 + m_2\dot{\boldsymbol{v}}_2 = \boldsymbol{F}_1 + \boldsymbol{F}_2 \tag{7.67}$$

となる．右辺に現れた力は，質点系全体に作用する力の総和（合力）であるが，質点間にはたらく力は作用・反作用の法則のためにこの合力に寄与せず，外力 $\boldsymbol{F}_1$, $\boldsymbol{F}_2$ の和だけが残る．式 (7.67)は，重心の速度 $\boldsymbol{v}_c$ を用いて，

$$(m_1 + m_2)\dot{\boldsymbol{v}}_c = \boldsymbol{F}_1 + \boldsymbol{F}_2 \tag{7.68}$$

と表すこともできる．この式から，重心は外力の合力 $\boldsymbol{F}_1 + \boldsymbol{F}_2$ の作用によって加速することがわかる．外力の合力が 0 ならば，$\dot{\boldsymbol{v}}_c = 0$（$\boldsymbol{v}_c =$ 一定）となり，運動量保存則 (7.64)が成り立つ．

**問 7.2**　式 (7.65)と (7.66)から，質点 1 と 2 の相対運動の方程式を導け．外力 $\boldsymbol{F}_1$, $\boldsymbol{F}_2$ が重力の場合はどうなるか．

### 7.3.2　衝突と撃力

地上で観測されるふつうの衝突では，二物体が接触した瞬間にはたらく大きな力（**撃力**）によって運動状態が変化する．質点 1 と 2 がこのような衝突をしたとして，衝突直前の時刻を $t_a$，直後の時刻を $t_b$ とすると，外力がない場合には，式 (7.64)から直ちに，

$$m_1\boldsymbol{v}_1(t_a) + m_2\boldsymbol{v}_2(t_a) = m_1\boldsymbol{v}_1(t_b) + m_2\boldsymbol{v}_2(t_b) \tag{7.69}$$

が成り立つことがわかる．

衝突の力が撃力の場合には，外力がはたらいていても，式 (7.69)の運動量保存則が成り立つと考えてよい．このことは次のように理解できる．

質点 1, 2 の運動方程式 (7.65), (7.66)を時間で積分すると，

$$m_1\boldsymbol{v}_1(t_b) - m_1\boldsymbol{v}_1(t_a) = \int_{t_a}^{t_b} [\boldsymbol{F}_1(t) + \boldsymbol{F}(t)]dt \tag{7.70}$$

$$m_2\boldsymbol{v}_2(t_b) - m_2\boldsymbol{v}_2(t_a) = \int_{t_a}^{t_b} [\boldsymbol{F}_2(t) - \boldsymbol{F}(t)]dt \tag{7.71}$$

が得られる．この 2 式の右辺は，時間 $t_b - t_a$ の間に各質点が外力 $\boldsymbol{F}_1$, $\boldsymbol{F}_2$，および，撃力 $\boldsymbol{F}$ から受け取る力積である．衝突の時間 $t_b - t_a$ は極めて短いが，

大きな撃力は有限の力積を生み出し，その結果，各質点の運動量が急激に変化する．一方，撃力のように大きくならない重力などの外力は，各質点の運動量を短時間に顕著に変化させるほどの力積を生み出さないので，撃力がはたらいている間に各質点が外力から受け取る力積は，撃力からの力積に比べて無視できる．よって，運動量保存則 (7.69)が成り立つ．

[例題 7.1]

質量 $M = 1$ kg の木片（木製のブロック）を質量の無視できる軽い棒で吊り下げた振り子がある（図 7.5*）．この木片に水平方向から質量 $m = 5$ g の弾丸を打ち込んだところ，弾丸は木片に突き刺さり，木片は高さ $h = 10$ cm まで振れた．打ち込まれた弾丸の速度を求めよ．

図 7.5 のような装置を弾道振り子（ballistic pendulum）という．弾丸のような高速の発射体の速度を測定するのに利用される．

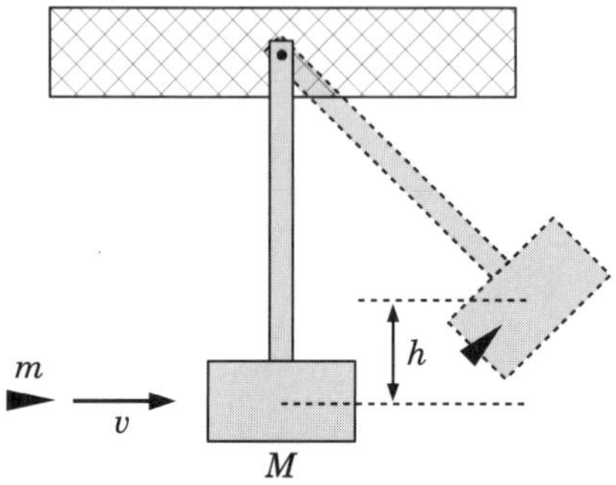


図 7.5

[解] 弾丸が速度 $v$ で木片に衝突したとする．衝突後に木片は弾丸と一体となって動き出す．衝突直後の木片の速度を $V$ とすれば，運動量保存則

$$mv = (m + M)V$$

が成り立つ．速度 $V$ は，衝突後の力学的エネルギー保存則から，

$$\frac{1}{2}(m + M)V^2 = (m + M)gh \implies V = \sqrt{2gh}$$

と計算される（$g$ は重力加速度）．よって，

$$v = \left(1 + \frac{M}{m}\right)\sqrt{2gh}$$

重力加速度を $g = 9.8$ m/s とすると，$v = 281$ m/s である．

### 7.3.3 二質点の全運動エネルギー

質量 $m_1$ の質点 1 と質量 $m_2$ の質点 2 がそれぞれ速度 $\boldsymbol{v}_1$ と $\boldsymbol{v}_2$ で運動しているとすると，この二質点系は全体として運動エネルギー

$$K = \frac{1}{2}m_1\boldsymbol{v}_1^2 + \frac{1}{2}m_2\boldsymbol{v}_2^2 \tag{7.72}$$

をもっている．重心の速度 $\boldsymbol{v}_c$ と相対速度 $\boldsymbol{v}_1-\boldsymbol{v}_2$ を用いて $\boldsymbol{v}_1$ と $\boldsymbol{v}_2$ を表せば，

$$\boldsymbol{v}_1 = \boldsymbol{v}_c + \frac{m_2}{m_1+m_2}(\boldsymbol{v}_1-\boldsymbol{v}_2) \tag{7.73}$$

$$\boldsymbol{v}_2 = \boldsymbol{v}_c - \frac{m_1}{m_1+m_2}(\boldsymbol{v}_1-\boldsymbol{v}_2) \tag{7.74}$$

であるが，これを式 (7.72)に代入し，全質量を $M = m_1+m_2$，換算質量を $\mu = m_1m_2/M$ とおいて整理すると，

$$K = \frac{1}{2}M\boldsymbol{v}_c^2 + \frac{1}{2}\mu(\boldsymbol{v}_1-\boldsymbol{v}_2)^2 \tag{7.75}$$

となる．右辺の第一項を重心運動のエネルギー，第二項を相対運動のエネルギーとよぶ．

衝突による全運動エネルギーの変化を考えよう．外力は作用していないとする．このとき，全運動量は保存する（重心の速度 $\boldsymbol{v}_c$ は一定である）ので，重心運動のエネルギーは変化しない．したがって，質点 1 と 2 が衝突して，衝突前の速度 $\boldsymbol{v}_1, \boldsymbol{v}_2$ が衝突後に $\boldsymbol{v}_1', \boldsymbol{v}_2'$ になり，全運動エネルギーが $K$ から $K'$ に変化したとすると，

$$K'-K = \frac{1}{2}\mu(\boldsymbol{v}_1'-\boldsymbol{v}_2')^2 - \frac{1}{2}\mu(\boldsymbol{v}_1-\boldsymbol{v}_2)^2 \tag{7.76}$$

が成り立つ．一般に衝突の前後で相対速度は変化するので，全運動エネルギーも式 (7.76)にしたがって変化する．例として，二物体が衝突後に一体となるような衝突過程を考えると，衝突後の相対速度 $\boldsymbol{v}_1'-\boldsymbol{v}_2'$ は 0 であるから，

$$K'-K = -\frac{1}{2}\mu(\boldsymbol{v}_1-\boldsymbol{v}_2)^2 < 0 \tag{7.77}$$

となり，衝突後に全運動エネルギーが減少していることがわかる．

失われた運動エネルギーはどこに消えたのだろうか．話を具体的にして，例題 7.1 の弾丸と木片の衝突を考えてみよう．弾丸が木片に命中してから木片の中で静止するまでに，両者の間に摩擦がはたらく．摩擦力のような物体間に作用する力よって全運動量は変化しないが，運動エネルギーはその一部が摩擦熱に転化し減少すると考えられる．

一般に，物体が衝突すると，熱や振動が発生し運動エネルギーが減少する．しかし，表面がなめらかな硬い球体どうしの衝突のように，運動エネルギーの損失が小さく無視できる場合もある．衝突の前後で全運動エネルギーが変化しない場合を**弾性衝突**，変化する場合を**非弾性衝突**という．衝突後に二物体が一体となる場合を特に**完全非弾性衝突**とよぶ．

### 7.3.4 直線上の衝突

なめらかな水平面上にある物体 1（質量 $m_1$）と物体 2（質量 $m_2$）が同一直線上を運動しているとしよう．これらがある瞬間に衝突し，衝突前の物体 1, 2

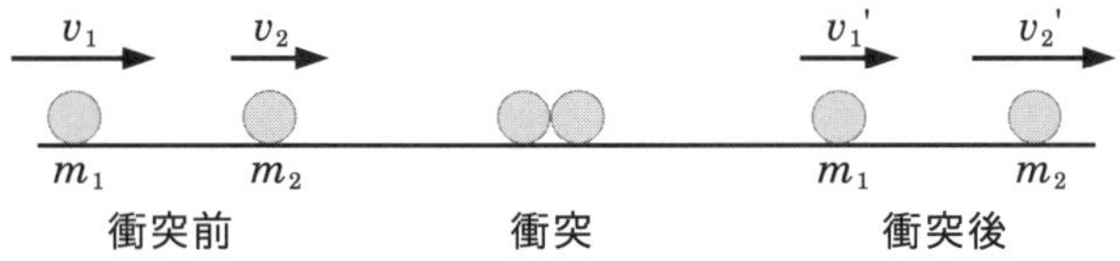


図 **7.6** 直線上の衝突

の速度 $v_1, v_2$ が衝突後に $v_1', v_2'$ になったとする（図 7.6）.

この衝突の前後で二物体の全運動エネルギーは

$$K' - K = \frac{1}{2}\mu(v_1' - v_2')^2 - \frac{1}{2}\mu(v_1 - v_2)^2$$
$$= -\frac{1}{2}\mu(v_1 - v_2)^2 \left[1 - \left(\frac{v_1' - v_2'}{v_1 - v_2}\right)^2\right] \tag{7.78}$$

だけ変化する．反発係数

$$e = \frac{|v_1' - v_2'|}{|v_1 - v_2|} \tag{7.79}$$

を導入すると，

$$K' - K = -\frac{1}{2}\mu(v_1 - v_2)^2(1 - e^2) \tag{7.80}$$

と書ける．$K' - K \leq 0$ から $e^2 \leq 1$ であり，また，反発係数の定義式 (7.79) から明らかなように，$e \geq 0$ なので，

$$0 \leq e \leq 1 \tag{7.81}$$

である．$e = 0$ は，$v_1' = v_2'$，すなわち，衝突後に二物体が一体となる場合に対応する（完全非弾性衝突）．$e = 1$ のときは，衝突前後で二物体の相対速度の大きさが変化しないので，全運動エネルギーも変化しない（弾性衝突）.

二物体が互いに近づいて衝突するには，$v_1 - v_2 > 0$ でなければならない．また，衝突後にそれらは離れていく（または一体となる）ので，$v_1' - v_2' \leq 0$ である．したがって，反発係数を

$$e = -\frac{v_1' - v_2'}{v_1 - v_2} \tag{7.82}$$

と表すことができる.

式 (7.82)と運動量保存則

$$m_1 v_1 + m_2 v_2 = m_1 v_1' + m_2 v_2' \tag{7.83}$$

の 2 つの式を用いると，衝突後の速度 $v_1', v_2'$ を $e, v_1, v_2$ で表す式をつくることができる（例題 7.2，問 7.3）．実験によれば，反発係数 $e$ は物体の性質だけで決まり，衝突時の物体の速度によらないので，得られた関係式から，衝突によって二物体の速度がどのように変化するかを理論的に予測できる.

[例題 7.2]

図 7.6 の衝突過程で二物体が弾性衝突する場合について，衝突前の速度 $v_1$, $v_2$ から衝突後の速度 $v_1'$, $v_2'$ を求める関係式を導け．得られた結果を用いて，$m_1 = m_2$，および，$m_1 \ll m_2$ のときの速度変化を考察せよ．

[解]　弾性衝突では

$$v_1' - v_2' = -(v_1 - v_2)$$

が成り立つ．この条件を使って，運動量保存則 (7.83)の $v_2'$ を消去すると，

$$m_1 v_1 + m_2 v_2 = m_1 v_1' + m_2(v_1' + v_1 - v_2)$$

となる．これを $v_1'$ について解けば，

$$v_1' = \frac{m_1 - m_2}{m_1 + m_2} v_1 + \frac{2m_2}{m_1 + m_2} v_2$$

が得られる．この結果を弾性衝突の条件式に代入し整理すると，

$$v_2' = \frac{2m_1}{m_1 + m_2} v_1 + \frac{m_2 - m_1}{m_1 + m_2} v_2$$

が得られる．

- $m_1 = m_2$ のとき，

$$v_1' = v_2, \quad v_2' = v_1$$

となり，弾性衝突で二物体は速度を交換することがわかる．物体 2 がはじめに静止していたとすれば，衝突後に物体 1 は静止し，物体 2 は物体 1 がはじめのもっていた速度ではじき飛ぶ．

- $m_1 \ll m_2$ の極限では，

$$v_1' = -v_1 + 2v_2, \quad v_2' = v_2$$

となり，重い物体 2 の速度は変化しないことがわかる．軽い物体 1 については次のことがわかる．物体 2 がはじめに静止していたとすると，物体 1 の速度は衝突後に反転する（$v_1' = -v_1$）．これは，ボールが壁と弾性衝突するような場合に相当する．物体 2 が動いている場合は，$v_1' - v_2 = -(v_1 - v_2)$ が成り立つ．つまり，物体 2 に対する相対速度が衝突後に反転する．

**問 7.3**　式 (7.82)と (7.83)から，$v_1'$ と $v_2'$ を $e$, $v_1$, $v_2$ で表す式を導け．

### 7.3.5　二物体の斜め衝突

上で考えた衝突問題では，運動の自由度を直線上に制限した．しかし，一般には，衝突後に二物体は互いに異なる方向に飛び去る．簡単な例として，水平面上にある同じ質量の小球 A と B が弾性衝突する場合を考えてみよう．静止している小球 B に小球 A を衝突させたとする（図 7.7）．

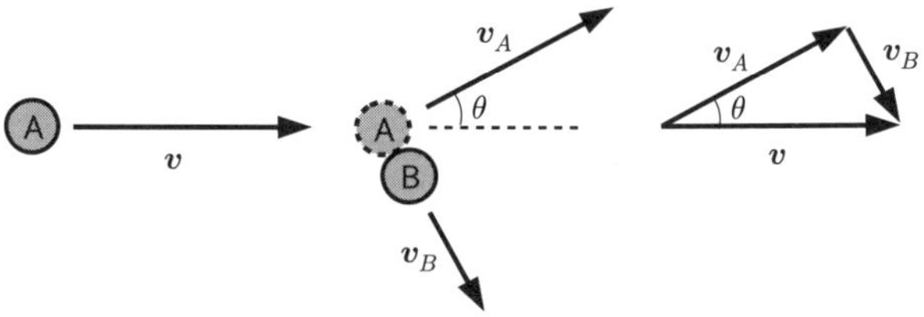


図 **7.7**　水平面上での衝突

衝突直前の小球 A の速度を $\boldsymbol{v}$，衝突直後の小球 A, B の速度を $\boldsymbol{v}_A, \boldsymbol{v}_B$ とすると，運動量保存則から

$$\boldsymbol{v} = \boldsymbol{v}_A + \boldsymbol{v}_B \tag{7.84}$$

が成り立つ．また，弾性衝突では全運動エネルギーは変化しないので，

$$\boldsymbol{v}^2 = \boldsymbol{v}_A^2 + \boldsymbol{v}_B^2 \tag{7.85}$$

が成り立つ．これらの式は，3 つの速度ベクトル $\boldsymbol{v}, \boldsymbol{v}_A, \boldsymbol{v}_B$ が，図 7.7 の右の図のような，$\boldsymbol{v}$ を斜辺とする直角三角形 $(\boldsymbol{v}_A \perp \boldsymbol{v}_B)$ をつくることを意味している．つまり，二物体は互いに直角な方向にはじき飛ばされる．ビリヤードの玉どうしの衝突や平面上に置いた同種のコインの衝突でこのような現象が実際に見られる．

衝突後の速度 $\boldsymbol{v}_A, \boldsymbol{v}_B$ は，上の 2 つの式だけからは完全には決まらないことに注意しよう．例題 7.2 で考えた直線上の弾性衝突では，衝突前の速度が与えられると，運動量保存則と弾性衝突の条件から衝突後の速度が一意に決まったが，それは，衝突後の速度を未知変数として，未知変数の数と方程式の数がそれぞれ 2 つで一致しているからである．しかし，今の問題では，速度が 2 成分のベクトルなので，未知変数が 4 つあり，それに対して，方程式の数を勘定すると，運動量保存則を成分に分けて 2 つ，弾性衝突の条件が 1 つで，計 3 つしかない．したがって，衝突後の速度 $\boldsymbol{v}_A, \boldsymbol{v}_B$ を決めるには，もうひとつ別の条件が必要である．

そこで $\boldsymbol{v}$ と $\boldsymbol{v}_A$ がなす角度を指定し，その値を $\theta$ としよう*．そうすると，ベクトル $\boldsymbol{v}_A, \boldsymbol{v}_B$ の向きが一意に決まり，それらの大きさも

$$v_A = v\cos\theta, \quad v_B = v\sin\theta \tag{7.86}$$

と決まる．

* 狙いを定めて（$\boldsymbol{v}$ の方向を適切に選んで）衝突させれば，実際に $\theta$ をある値に調節できる．

## 章末問題 7

— **A** —

**7.1** 二質点系の換算質量について次のことを示せ.

(1) 二質点の質量が等しいとき，換算質量は質点の質量の半分である.

(2) 換算質量は二質点の質量の小さい方の質量よりも小さい.

(3) 一方の質点の質量が他方よりも圧倒的に大きいときは，換算質量は小さい方の質量にほぼ等しい.

**7.2** バネ定数 $k$ の軽いバネでつながれた質量 $m_1$, $m_2$ の小球 1, 2 をなめらかな水平面上で 1 次元振動させる．片方の小球を固定して振動させた場合と，二球を自由に振動させた場合の振動周期を比較せよ.

**7.3** 4 両編成の電車が直線のレール上を一定の速度で走っている．最後尾の車両を切り離したところ，前方 3 両の電車の速度が 10 m/s だけ速くなった．各車両の質量は等しいとすると，切り離された車両は前方 3 両の電車に対して何 m/s の速さで後方に進んでいるか.

**7.4** 質量 $M$ の四角い木材がなめらかな水平面上に置かれている.

(1) この木材に質量 $m$ の弾丸を速度 $v$ で真上から打ち込んだところ，弾丸が深さ $d$ まで入り込んだ．弾丸が木材に入り込むときの平均的な抵抗力の大きさ $F$ を求めよ.

(2) 同じ弾丸を同じ速度で水平方向から木材に打ち込んだとき，弾丸が木材に入り込む深さ $d'$ を求めよ.

— **B** —

**7.5** 質量 $m, m'$ の二質点が万有引力で引き合いながら運動している．二質点が距離を一定に保ちながらお互いのまわりを回転しているときの回転周期 $T$ を求め，その結果が式 (7.60)と一致することを示せ.

**7.6** バネ定数 $k$，自然長 $l$ の軽いバネで連結された質量 $m$ の小球 1, 2 をなめらかな水平面上に置き，バネの延長線上にある質量 $M$ の小球 3 を速度 $V$ で小球 2 に衝突させた（図 7.8)．衝突は弾性衝突であるとして，衝突後の小球 1, 2 の運動を調べよ．図のように，小球 1, 2 の座標を $x_1$, $x_2$ とせよ.

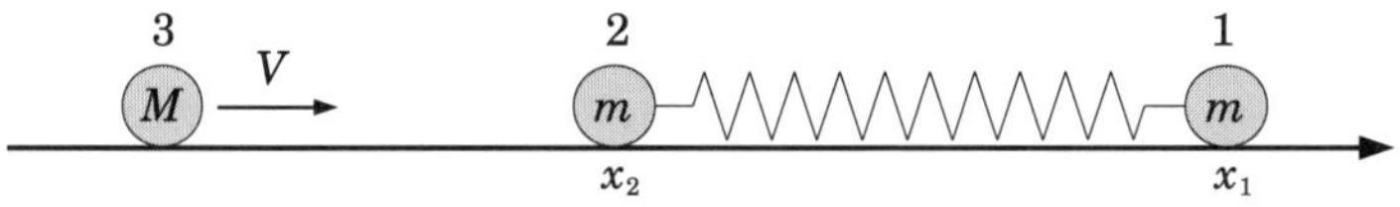


**図 7.8**

# 8
# 質点系の力学

これまで，大きさのある物体も質点として扱ってきた（質点近似）．大きさのある現実の物体と質点の運動にはどのような違いがあるのだろうか？そして，どのようなときに質点として近似してよいのだろうか？

大きさのある物体も細かく分割すれば質点の集合と見なすことができる．本章ではそのような質点の集合，すなわち**質点系**の運動について考察する．最初に質点系全体の運動を記述する運動方程式を導く．そして，質点系の**重心**を定義し，重心の運動と重心に相対的な運動とに分けて運動を記述する方法を学ぶ．質点間にはたらく力の詳細がわからなくとも，質点系の重心は，あたかも外力を受けて運動する質点として扱えることがわかるだろう．

## 8.1 質点系の運動方程式

$n$ 個の質点からなる質点系を考える（図 8.1）．$i$ 番目の質点の質量を $m_i$，位置ベクトルを $\boldsymbol{r}_i$，速度を $\boldsymbol{v}_i = d\boldsymbol{r}_i/dt$，運動量を $\boldsymbol{p}_i = m_i\boldsymbol{v}_i$ とする．また，質点系の外から作用する力を**外力**，系の質点同士が互いにおよぼす力を**内力**として区別する．$i$ 番目の質点の運動方程式は，

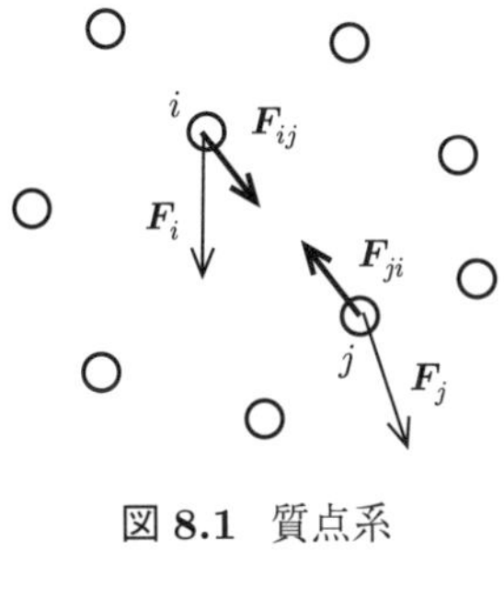


図 **8.1** 質点系

$$m_i \frac{d^2 \boldsymbol{r}_i}{dt^2} = \frac{d\boldsymbol{p}_i}{dt}$$
$$= \boldsymbol{F}_i + \boldsymbol{F}_{i1} + \boldsymbol{F}_{i2} + \cdots + \boldsymbol{F}_{i(i-1)} + \boldsymbol{F}_{i(i+1)} + \cdots + \boldsymbol{F}_{in}$$
$$= \boldsymbol{F}_i + \sum_{j=1\,(j \neq i)}^{n} \boldsymbol{F}_{ij} \tag{8.1}$$

$\sum_{j \neq i}$ は，$j = i$ を除いた $j$ に関する総和を表す．

となる．ここで，$\boldsymbol{F}_i$ は $i$ 番目の質点にはたらく外力，$\boldsymbol{F}_{ij}$ は $i$ 番目の質点が $j$ 番目の質点から受ける内力を表す．また，$\boldsymbol{F}_{ii} = \boldsymbol{0}$ である．このように，$i$ 番目の質点の運動を知るには，すべての質点位置と質点間の力に関する情報が必要となる．

ここでは，個々の質点ではなく系全体の運動をみてみよう．$i = 1$ から $n$ まで系の全質点の運動方程式 (8.1)を足し合わせると，$i$ 番目と $j$ 番目の質点間にはたらく内力は作用・反作用の法則（$\boldsymbol{F}_{ij} + \boldsymbol{F}_{ji} = \boldsymbol{0}$）よりすべて打ち消し合い，

$$\sum_{i=1}^{n} m_i \frac{d^2 \boldsymbol{r}_i}{dt^2} = \sum_{i=1}^{n} \frac{d\boldsymbol{p}_i}{dt} = \sum_{i=1}^{n} \boldsymbol{F}_i \tag{8.2}$$

が得られる．質点系の全運動量を

$$\boldsymbol{P} = \sum_{i=1}^{n} \boldsymbol{p}_i = \sum_{i=1}^{n} m_i \frac{d\boldsymbol{r}_i}{dt} = \sum_{i=1}^{n} m_i \boldsymbol{v}_i \tag{8.3}$$

と定義すると, 式 (8.2)は

$$\frac{d\boldsymbol{P}}{dt} = \sum_{i=1}^{n} \boldsymbol{F}_i \tag{8.4}$$

と表せる．**質点系の全運動量 $\boldsymbol{P}$ の変化は外力の合力で決まり，内力には依存しないことがわかる．**

質点系に働く外力が,

$$\sum_{i=1}^{n} \boldsymbol{F}_i = \boldsymbol{0} \tag{8.5}$$

を満たすとき，式 (8.4)から

$$\frac{d\boldsymbol{P}}{dt} = \boldsymbol{0} \tag{8.6}$$

となるから，$\boldsymbol{P} =$ 一定，すなわち，質点系の全運動量は保存する．これを**運動量保存則**という．質点系が外部から孤立しているとき孤立系と呼び，そのときは $\boldsymbol{F}_i = \boldsymbol{0}$ であるから全運動量は保存する．

## 8.2　質点系の角運動量

次に質点系の角運動量について考える．質点系の全角運動量 $\boldsymbol{L}$ は，質点 $i$ の角運動量 $\boldsymbol{L}_i = \boldsymbol{r}_i \times \boldsymbol{p}_i$ の総和として，

$$\boldsymbol{L} = \sum_{i=1}^{n} \boldsymbol{L}_i = \sum_{i=1}^{n} \boldsymbol{r}_i \times \boldsymbol{p}_i \tag{8.7}$$

と表せる．両辺を時間で微分すると，$\boldsymbol{L}$ の時間変化は，

$$\begin{aligned}\frac{d\boldsymbol{L}}{dt} &= \sum_i \frac{d\boldsymbol{r}_i}{dt} \times \boldsymbol{p}_i + \sum_i \boldsymbol{r}_i \times \frac{d\boldsymbol{p}_i}{dt} \\ &= \sum_i \boldsymbol{r}_i \times \frac{d\boldsymbol{p}_i}{dt} \\ &= \sum_i \boldsymbol{r}_i \times \boldsymbol{F}_i + \sum_i \sum_{j \neq i} \boldsymbol{r}_i \times \boldsymbol{F}_{ij}\end{aligned} \tag{8.8}$$

で与えられる．ここで，1 行目の右辺第 1 項は $\boldsymbol{v_i} \times \boldsymbol{p}_i = \boldsymbol{v}_i \times m\boldsymbol{v}_i = \boldsymbol{0}$ により消えることを用い，2 行目の $d\boldsymbol{p}_i/dt$ に式 (8.1)を代入した．最終行第 1 項と第 2 項は，それぞれ外力と内力のモーメントの和である．内力のモーメントの和には，$\boldsymbol{r}_i \times \boldsymbol{F}_{ij}$ と $\boldsymbol{r}_j \times \boldsymbol{F}_{ji}$ が対になって現れるので，

$$\begin{aligned}\sum_i \sum_{j \neq i} \boldsymbol{r}_i \times \boldsymbol{F}_{ij} &= \sum_i \sum_{j > i} (\boldsymbol{r}_i \times \boldsymbol{F}_{ij} + \boldsymbol{r}_j \times \boldsymbol{F}_{ji}) \\ &= \sum_i \sum_{j > i} (\boldsymbol{r}_i - \boldsymbol{r}_j) \times \boldsymbol{F}_{ij} = \boldsymbol{0}\end{aligned} \tag{8.9}$$

となる．ここで，作用・反作用の法則 $\boldsymbol{F}_{ji} = -\boldsymbol{F}_{ij}$ と，$(\boldsymbol{r}_i - \boldsymbol{r}_j) \parallel \boldsymbol{F}_{ij}$ より $(\boldsymbol{r}_i - \boldsymbol{r}_j) \times \boldsymbol{F}_{ij} = \boldsymbol{0}$ となることを用いた．結局，式 (8.8)右辺第 2 項は $\boldsymbol{0}$ となるので，

$\sum_{j>i}$ は，$i+1$ 以上の $j$ に関する総和を表す．

$$\frac{d\boldsymbol{L}}{dt} = \sum_i \boldsymbol{r}_i \times \boldsymbol{F}_i = \sum_i \boldsymbol{N}_i \tag{8.10}$$

となる．つまり，**質点系の全角運動量の時間変化は外力のモーメントの総和によって決まり，内力には依存しない**ことがわかる．

式 (8.10)から，質点系に働く外力のモーメントの和が $\sum_i \boldsymbol{N}_i = \boldsymbol{0}$ であれば全角運動量は一定になることがわかる．

式 (8.10)の基準点は任意にとることができる．

$$\boldsymbol{L} = 一定 \quad \left( \sum_i \boldsymbol{N}_i = \boldsymbol{0} \right) \tag{8.11}$$

これを**角運動量保存則**という．質点系が孤立系の場合には外力が 0 であるから，全角運動量は一定に保たれる．

## 8.3 重心とその運動

本節ではまず，質点系の**重心** (center of gravity) という特別な点を導入し，前節の結果を用いて重心の運動について考察する．重心は質点系や大きさのある物体の運動を考える際に代表となる点である．

質点系の**重心の位置ベクトル $\boldsymbol{r}_c$** は，以下のように定義される．

$$\boldsymbol{r}_c = \frac{m_1\boldsymbol{r}_1 + m_2\boldsymbol{r}_2 + \cdots + m_n\boldsymbol{r}_n}{m_1 + m_2 + \cdots + m_n} = \frac{\sum_i m_i\boldsymbol{r}_i}{\sum_i m_i} = \frac{\sum_i m_i\boldsymbol{r}_i}{M} \tag{8.12}$$

ここで，質点系の全質量を $M$ とした．$\boldsymbol{r}_c$ は各質点の質量を重みとした平均位置を表している．

式 (8.12)は質量分布の中心（**質量中心** (center of mass)）の定義であり，重心は本来”重力の中心”の意味である．重力加速度が一様であれば両者は一致するので，重心と質量中心は一般に同義に用いられる（9.2.1 節参照）．

質量が連続的に空間分布する質量 $M$ の連続体（密度を $\rho$ とする）の場合の重心の位置ベクトルは，連続体を $n$ 個に分割して個々の体積素片 $\Delta V_i$ を質量 $m_i(=\rho\Delta V_i)$ の質点とみなすと，式 (8.12) にならって，

$$\boldsymbol{r}_c = \frac{1}{M}\lim_{n\to\infty}\sum_{i=1}^{n}\rho(\boldsymbol{r}_i)\Delta V_i\,\boldsymbol{r}_i = \frac{1}{M}\int_{\text{物体}}\rho(\boldsymbol{r})\,\boldsymbol{r}\,dV \tag{8.13}$$

と書ける．

式 (8.12)の両辺に $M$ を掛けて時間で 2 階微分し，さらに式 (8.2)を用いて整理すると，

$$M\frac{d^2\boldsymbol{r}_c}{dt^2} = \sum_i \boldsymbol{F}_i \tag{8.14}$$

が得られる．この式は，重心 $\boldsymbol{r}_c$ にある質量 $M$ の質点が，全外力 $\sum_i \boldsymbol{F}_i$ を受ける場合の運動方程式と等価である．つまり，重心の運動は，質量 $M$ の一つの質点の運動と同等である．

次に，質点系の全運動量 $\boldsymbol{P} = \sum_i m_i\boldsymbol{v}_i$ について考えよう．重心の速度を $\boldsymbol{v}_c = d\boldsymbol{r}_c/dt$，重心の運動量を $\boldsymbol{p}_c = M\boldsymbol{v}_c$ とし，式 (8.12)の両辺に $M$ を掛けて時間で微分すると，

$$\boldsymbol{P} = \sum_i m_i\boldsymbol{v}_i = M\boldsymbol{v}_c = \boldsymbol{p}_c \tag{8.15}$$

となり，全運動量 $\boldsymbol{P}$ は重心の運動量 $\boldsymbol{p}_c$ と等しいことがわかる．運動方程式 (8.14)は $\boldsymbol{v}_c$ を用いて，

$$M\frac{d\boldsymbol{v}_c}{dt} = \sum_i \boldsymbol{F}_i \tag{8.16}$$

と表せる．孤立系では外力 $\boldsymbol{F}_i = \boldsymbol{0}$ であるから，$\boldsymbol{v}_c = \text{一定}$ となり，質点系の重心は等速直線運動をする．

**問 8.1** 2 質点系 ($n=2$) の重心 $\boldsymbol{r}_{c2}$ は $\boldsymbol{r}_1$ と $\boldsymbol{r}_2$ を結ぶ線分を $m_2 : m_1$ に内分する点であることを示せ．また，質点 $m_3$ をもう一つ加えた 3 質点系 ($n=3$) の重心 $r_{c3}$ は，$\boldsymbol{r}_{c2}$ 上にある $m_1+m_2$ の質点と $\boldsymbol{r}_3$ 上の $m_3$ の 2 質点系の重心と等価であることを示せ（$n$ 質点系における式 (8.12)は同様の操作を繰り返して導出される）．

## 8.4 重 心 系

式 (8.14)から，質点系の重心 $\boldsymbol{r}_c$ の運動は内力に依存しないことが分かった．そこで，質点系の運動を考えるのに，外力のみによって決まる重心 $\boldsymbol{r}_c$ の運動と，その重心から見た各質点の相対運動に分けて考えるのが便利である．

重心を原点とした座標系を**重心系**という．重心系における質点系の物理量がどのように表されるか見てみよう．図 8.2 に示すように，重心系における $i$ 番目の質点の位置ベクトル $\boldsymbol{r}'_i$ は，

$$\boldsymbol{r}'_i = \boldsymbol{r}_i - \boldsymbol{r}_c \tag{8.17}$$

と表される．質量 $m_i$ を両辺に掛けてすべての質点について和をとると，式 (8.12)より

$$\begin{aligned}\sum_i m_i \boldsymbol{r}'_i &= \sum_i m_i \boldsymbol{r}_i - \sum_i m_i \boldsymbol{r}_c \\ &= \sum_i m_i \boldsymbol{r}_i - M\boldsymbol{r}_c = \boldsymbol{0}\end{aligned} \tag{8.18}$$

という関係が得られる．これは，重心系における重心 $\boldsymbol{r}'_c$ が座標原点であることを表している（$\sum_i m\boldsymbol{r}'_{\boldsymbol{i}}/M = \boldsymbol{0}$）．式 (8.18)を時間で微分すれば，重心系における全運動量 $\boldsymbol{P}'$ は，

$$\boldsymbol{P}' = \sum_i m_i \boldsymbol{v}'_i = \boldsymbol{0} \tag{8.19}$$

となり常に 0 となる．これは，重心系における重心は常に座標原点に静止していることと等価である（$\boldsymbol{v}'_c = \dot{\boldsymbol{r}}'_c = \boldsymbol{0}$）．

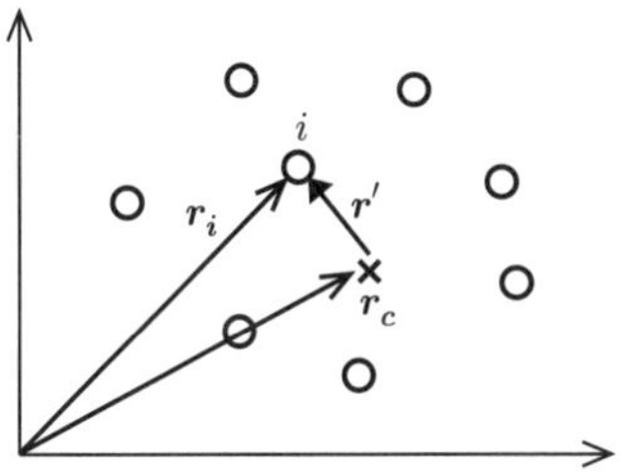


図 **8.2** 重心系

つぎに，重心系における角運動量を見てみよう．式 (8.17)を時間で微分すると，

$$\boldsymbol{v}_i = \boldsymbol{v}_c + \boldsymbol{v}'_i \tag{8.20}$$

が得られるので，式 (8.17)と式 (8.20)を式 (8.7)に代入すると，

$$\begin{aligned}\boldsymbol{L} &= \sum_i \boldsymbol{r}_i \times \boldsymbol{p}_i = \sum_i m_i(\boldsymbol{r}_c + \boldsymbol{r}'_i) \times (\boldsymbol{v}_c + \boldsymbol{v}'_i) \\ &= \sum_i m_i\,(\boldsymbol{r}_c \times \boldsymbol{v}_c) + \boldsymbol{r}_c \times \sum_i m_i \boldsymbol{v}'_i + \left(\sum_i m_i \boldsymbol{r}'_i\right) \times \boldsymbol{v}_c + \sum_i m_i \boldsymbol{r}'_i \times \boldsymbol{v}'_i \\ &= M\boldsymbol{r}_c \times \boldsymbol{v}_c + \boldsymbol{L}'\end{aligned} \tag{8.21}$$

となる．2 行目から 3 行目において式 (8.18)と式 (8.19)を用いた．$\boldsymbol{L}'$ は重心系の原点を基準とした角運動量

$$\boldsymbol{L}' = \sum_i m_i \boldsymbol{r}'_i \times \boldsymbol{v}'_i \tag{8.22}$$

を表す．基準慣性座標系における重心自身の角運動量を $\boldsymbol{L}_c = \boldsymbol{r}_c \times \boldsymbol{p}_c$ と定義すると，式 (8.21)から，

$$\boldsymbol{L}' = \boldsymbol{L} - \boldsymbol{r}_c \times M\boldsymbol{v}_c = \boldsymbol{L} - \boldsymbol{r}_c \times \boldsymbol{p}_c = \boldsymbol{L} - \boldsymbol{L}_c \tag{8.23}$$

と表せ，重心系を基準とした系の角運動量 $\boldsymbol{L}'$ は，基準座標系における角運動量 $\boldsymbol{L}$ から重心の角運動量 $\boldsymbol{L}_c$ を引いたものに等しくなっている．これは，速度の関係式 (8.20)と同じである．

式 (8.23)を時間で微分すれば，

$$\frac{d\boldsymbol{L}'}{dt} = \frac{d\boldsymbol{L}}{dt} - \frac{d\boldsymbol{L}_c}{dt} \tag{8.24}$$

となるが，右辺第 1 項は，式 (8.17)を式 (8.10)に代入して，

$$\frac{d\boldsymbol{L}}{dt} = \sum_i (\boldsymbol{r}_c + \boldsymbol{r}'_i) \times \boldsymbol{F}_i = \boldsymbol{r}_c \times \sum_i \boldsymbol{F}_i + \sum_i \boldsymbol{r}'_i \times \boldsymbol{F}_i \tag{8.25}$$

と表せ，さらに右辺第 2 項は，

$$\begin{aligned}\frac{d\boldsymbol{L}_c}{dt} &= \frac{d\,(\boldsymbol{r}_c \times M\boldsymbol{v}_c)}{dt} \\ &= M\frac{d\boldsymbol{r}_c}{dt} \times \boldsymbol{v}_c + \boldsymbol{r}_c \times M\frac{d\boldsymbol{v}_c}{dt} = \boldsymbol{r}_c \times \sum_i \boldsymbol{F}_i\end{aligned} \tag{8.26}$$

$\dot{\boldsymbol{r}}_c \times \boldsymbol{v}_c = \boldsymbol{0}$ および式 (8.14)を用いた

であるから，結局，重心系における角運動量 $\boldsymbol{L}'$ の時間変化に関して

$$\frac{d\boldsymbol{L}'}{dt} = \sum_i \boldsymbol{r}'_i \times \boldsymbol{F}_i = \sum_i \boldsymbol{N}'_i \tag{8.27}$$

が得られる．ここで，$\boldsymbol{N}_i'\,(=\sum_i \boldsymbol{r}_i' \times \boldsymbol{F}_i)$ は重心系における外力のモーメントである．重心系においても，質点系の角運動量と外力のモーメントの関係は式(8.10)と同一であることが分かる．

式(8.20)自身は原点の選び方によらずに任意の慣性系で成立するので，重心系が慣性系であれば，式(8.27)が成立するのは当然と言える．重心系が特別なのは，重心系が非慣性系（第10章参照）であっても式(8.27)が成立することである．このことは，第9章で剛体の運動を考える際にも利用される．

## 8.5 質点系の運動エネルギー

質点系の運動エネルギーは，各質点の運動エネルギーの総和として

$$K = \sum_i \frac{1}{2} m_i v_i^2 \tag{8.28}$$

と表される．

式(8.28)に式(8.20)を代入すると，質点系の運動エネルギー $K$ は，

$$\begin{aligned}
K &= \sum_i \frac{1}{2} m_i \boldsymbol{v}_i^2 \\
&= \sum_i \frac{1}{2} m_i \left(\boldsymbol{v}_c + \boldsymbol{v}_i'\right)^2 \\
&= \frac{1}{2} \boldsymbol{v}_c^2 \sum_i m_i + \sum_i \frac{1}{2} m_i \boldsymbol{v}_i'^2 + \boldsymbol{v}_c \cdot \sum_i m_i \boldsymbol{v}_i' \\
&= \frac{1}{2} M \boldsymbol{v}_c^2 + \sum_i \frac{1}{2} m_i \boldsymbol{v}_i'^2 \\
&= K_c + K'
\end{aligned} \tag{8.29}$$

と表せる．ここで(8.19)を用いた．$K_c = M v_c^2/2$ は重心の運動エネルギーを表す．$K'$ は重心に対する相対運動のエネルギーである．つまり，質点系の運動エネルギーは，重心の運動エネルギーと重心に対する相対運動のエネルギー（重心系における運動エネルギー）の和に分離できる．

第9章で扱う剛体の場合，重心に対する運動エネルギーとは，重心まわりの回転運動エネルギーを意味する（式(9.54)）．

## 章末問題 8

— **A** —

**8.1**　2 つの質点からなる質点系がある．$\boldsymbol{r}_1$ にある質点 1 に外力 $\boldsymbol{F}$，$\boldsymbol{r}_2$ にある質点 2 に外力 $-\boldsymbol{F}$ がはたらくとき，原点のまわりの外力のモーメントの和 $\boldsymbol{N}$ を求めよ．質点系の重心 $\boldsymbol{r}_c$ のまわりの外力のモーメントの和 $\boldsymbol{N}'$ が $\boldsymbol{N}$ に等しいことを示せ（このように合力がゼロの対になった外力を**偶力**と呼び，偶力のモーメントは原点の選び方によらず一定の値になる）．

**8.2**　質量が等しい 3 個の質点の重心の位置は，質点を結んでつくられる三角形の重心の位置に等しいことを示せ．

— **B** —

**8.3**　$xy$ 直交座標系の原点を中心とする半径 $a$ の円の中で $y \geq 0$ の部分がつくる一様な半円の重心の位置 $(x_c,\ y_c)$ を求めよ．

**8.4**　$xyz$ 直交座標系の原点を中心とする半径 $a$ の球の中で $z \geq 0$ の部分がつくる一様な半球の重心の位置 $(x_c,\ y_c,\ z_c)$ を求めよ．

**8.5**　重心系だけでなく，任意の慣性系において式 (8.27)が成立することを証明せよ．

# 9
# 剛体の力学

本章では，**剛体**の運動について学ぶ．一般に，力を加えれば物体は多少なりとも変形するが，そのような変形が全く生じない理想的な物体のことを剛体と呼ぶ．剛体は変形しないため，その運動を記述するのに必要な自由度が小さくなり取り扱いが容易になる．

本章ではまず，剛体の運動を記述するのに必要な自由度について説明する．そして，固定軸回りの回転運動，平面運動（転がり運動）と，自由度の小さい順に剛体の運動を学ぶ．また，剛体の回転運動を記述するために有用な物理量である慣性モーメントについて学ぶ．

## 9.1 剛体と自由度

力を加えても全く変形しない理想的な物体を**剛体**と呼ぶ．十分に硬い物体は近似的に剛体として扱うことができる．図 9.1 は，剛体を細かく分割した様子を表したものである．分割した各微少部分を質点とみなすと，剛体は変形しないので，任意の質点間の相対距離 $|\boldsymbol{r_j} - \boldsymbol{r_i}|$ は一定である．

次に，**自由度**について説明する．ある系の自由度とは，その系を記述するのに必要な独立変数の数であり，質点の数，次元，束縛条件などにより決まる．例えば，3 次元空間で自由に動き回る 1 個の質点の位置はその座標 $(x,\ y,\ z)$ により記述できるので自由度は 3 であり，2 次元平面上ならば自由度は 2 であ

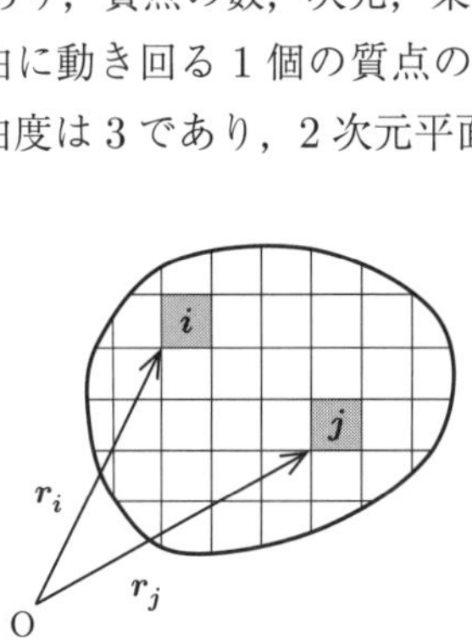


**図 9.1**　剛体の定義

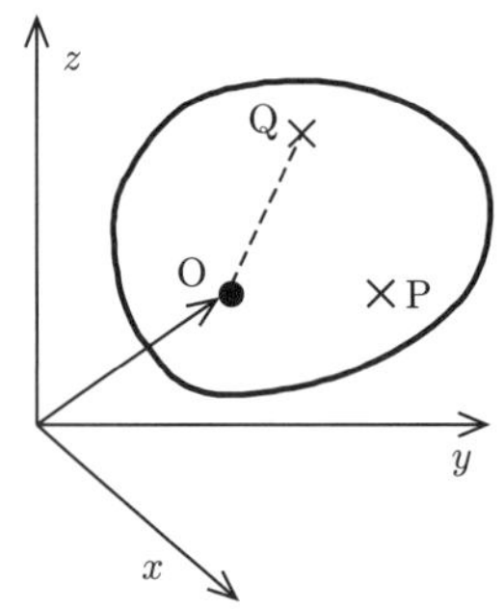


**図 9.2** 剛体の自由度

る．また，3 次元空間で $N$ 個の質点からなる質点系であれば，自由度は $3N$ である．

さて，剛体の位置を指定するのには何個の変数が必要であろうか．3 次元空間で剛体を固定するには，図 9.2 に示すように，一直線上にない 3 点 O，P，Q の座標 $(x_o,\ y_o,\ z_o)$，$(x_p,\ y_p,\ z_p)$，$(x_q,\ y_q,\ z_q)$ の 9 変数を指定すればよい．しかし，剛体では任意の 2 点間の距離は一定であるから，$\overline{\mathrm{OP}}=$ 一定，$\overline{\mathrm{OQ}}=$ 一定，$\overline{\mathrm{PQ}}=$ 一定 という 3 つの束縛条件があり，9 個の座標変数は好き勝手に選べない．したがって，剛体の位置を指定するのに必要な独立変数は $9-3=6$，すなわち剛体の自由度は 6 である．

剛体の自由度を直感的に理解するには次のように考えても良い．まず剛体の位置を指定するのに点 O の座標を決める．この位置は自由に決められるので自由度は 3 である．次に点 O を固定したまま，点 Q の位置を決める．$\overline{\mathrm{OQ}}=$ 一定 の条件があるのでこの自由度は 2 である．最後に，点 OQ を通る固定軸のまわりの回転自由度が 1 つ残っており，それを指定して点 P の位置が決定する．このように剛体の 6 個の自由度は，

- 剛体の並進自由度（点 O の位置） 3
- 回転軸の自由度（$\overrightarrow{\mathrm{OQ}}$ の向き） 2
- 回転軸まわりの回転自由度 1

と分解して考えることもできる．

## 9.2 固定軸まわりの剛体の回転運動

ここでは，固定軸を中心とした剛体の回転運動を考える．図 9.3 に示すように，その固定軸を $z$ 軸にとって $xy$ 平面内の回転を考える．剛体の位置を表すには，図 9.3 に示すように剛体中の点 P の $x$ 軸からの角度 $\varphi$ のみで記述することができる（自由度 1）．剛体は変形しないので，点 P の位置が決まれば他

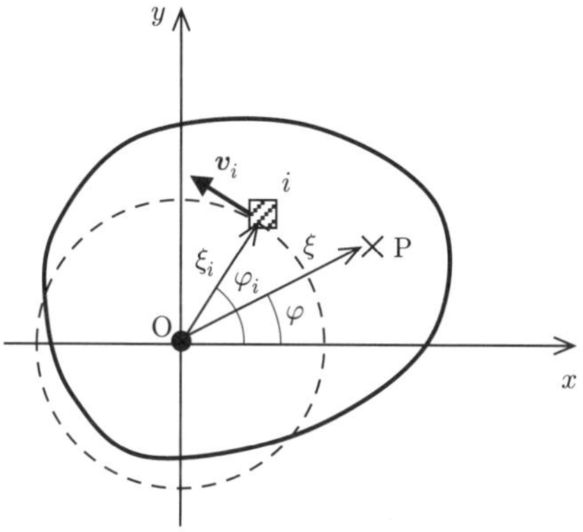


**図 9.3**　固定軸まわりの剛体の回転．$z$ 軸は紙面裏から表向き．

の任意の点の位置も定まる．

剛体中の各微小部分を質点とみなし，$i$ 番目の質点の質量を $m_i$，位置ベクトルを $\boldsymbol{r}_i = x_i\boldsymbol{e}_x + y_i\boldsymbol{e}_y + z_i\boldsymbol{e}_z$ とする．今，剛体が回転軸（$z$ 軸）まわりに角速度 $\dot{\varphi} = \omega$ で回転しているとすると，各質点は剛体の回転にともない $z$ 軸を中心とした円軌道を角速度 $\omega$ で回転するので，その位置を表すのには円筒座標（2.1.4 節参照）を用いるのが適している．各質点の $z$ 軸からの距離を $\xi_i$，$x$ 軸からみた回転角を $\varphi_i$ とすると，

$xy$ 平面だけでなく $z \neq 0$ の質点も考えている．

2.1.4 節では円筒座標の成分に記号 $\rho$ を用いているが，本節では密度の $\rho$ との混同を避けるために $\xi$ を用いる．

$$x_i = \xi_i \cos\varphi_i \tag{9.1}$$

$$y_i = \xi_i \sin\varphi_i \tag{9.2}$$

という関係があり，各質点は $z$ 軸からの距離が $\xi_i = \sqrt{x_i^2 + y_i^2}$ の円周上を運動をしている．$\xi_i$ は一定で $\varphi_i$ のみが変化し（$\dot{\xi}_i = 0$），角速度は $i$ によらず $\dot{\varphi}_i = \omega$ であることに注意して式 (9.1)，(9.2)を時間微分すると，

$$v_{i,x} = \dot{x}_i = -\xi_i\omega\sin\varphi_i \tag{9.3}$$

$$v_{i,y} = \dot{y}_i = \xi_i\omega\cos\varphi_i \tag{9.4}$$

が得られる．$v_{i,z} = 0$ であるから，各質点の速さは

$$v_i = \sqrt{v_{i,x}^2 + v_{i,y}^2} = \xi_i\omega \tag{9.5}$$

と表される．

次に，剛体の角運動量 $\boldsymbol{L}$ を考えよう．$\boldsymbol{L}$ は剛体中の各質点の角運動量の和として，

$$\boldsymbol{L} = \sum_i \boldsymbol{r}_i \times m_i\dot{\boldsymbol{r}}_i = \sum_i \boldsymbol{r}_i \times m_i\boldsymbol{v}_i \tag{9.6}$$

と表される．角運動量の $z$ 成分 $L_z = \boldsymbol{L}\cdot\boldsymbol{e}_z$ は，ベクトル積の関係式 (2.22) より，

$$L_z = \sum_i m_i \left(x_i v_{i,y} - y_i v_{i,x}\right) \tag{9.7}$$

となるので，式 (9.1)〜(9.4)を代入すると，

$$L_z = \sum_i m_i \xi_i^2 \omega = I_z \omega \tag{9.8}$$

を得る．ここで，

$$I_z = \sum_i m_i \xi_i^2 \tag{9.9}$$

を**慣性モーメント**という．添字 $z$ は回転軸を表している．$\xi_i$ は $z$ 軸からの距離（$\xi_i = \sqrt{x_i^2 + y_i^2}$）を表していることにに注意しよう．式から明らかなように，慣性モーメントは剛体の形，質量分布，および回転軸で決まる定数である．剛体の質量が同じでも，軸から遠くに質量が偏って分布していれば慣性モーメントは大きくなる．また，同一の物体であっても軸の位置によって大きさが変わる．式 (9.8)を質点の運動量 $p$ の表式 (5.1) と比較すると，慣性モーメント $I_z$ が質量 $m$，速度 $v$ が角速度 $\omega$ に対応している．

ある物理量 $X$ に $r^n$ を掛けた量のことを，一般に "X の n 次のモーメント" と呼ぶ．慣性モーメントとは＜質量の 2 次のモーメント＞のことである．

式 (9.8)の導出は，$xy$ 平面（$z = 0$）に限定すると直感的に理解しやすい．$xy$ 平面では各質点の位置ベクトル $\boldsymbol{r}_i$ と速度 $\boldsymbol{v}_i = \xi_i \omega \boldsymbol{e}_\varphi$ とは常に直交しているので（$xy$ 平面では $r_i = \xi_i$），そのベクトル積は，$\boldsymbol{r}_i \times \boldsymbol{v}_i = r_i^2 \omega \, \boldsymbol{e}_z$ と $z$ 成分しかもたず，$L_z = \sum_i m_i r_i^2 \omega = I_z \omega$ が得られる．$xy$ 平面以外（$z \neq 0$）の質点の角運動量 $\boldsymbol{L}_i$ には $z$ 成分以外もあるが，$L_z$ に関しては，結局，式 (9.8)と同じ表式となることが示されるので式 (9.8)が導かれる．

次に，固定軸をもつ剛体にはたらく力と回転運動の関係を調べよう．$L_z$ 成分の時間変化は (9.8)の両辺を時間微分して，

$$\dot{L}_z = I_z \dot{\omega} = I_z \alpha = I_z \ddot{\varphi} \tag{9.10}$$

と表される．ここで，$\alpha = \dot{\omega} = \ddot{\varphi}$ を**角加速度**と呼ぶ．$\dot{L}_z$ は剛体にはたらく外力のモーメントの $z$ 成分 $N_z$ と，$\dot{L}_z = N_z$ の関係にある（式 (8.10)）から，

$$I_z \alpha = N_z, \quad \text{すなわち} \quad I_z \ddot{\varphi} = N_z \tag{9.11}$$

が得られる．これが，**固定軸まわりの回転の運動方程式**である．回転軸に固定された剛体に外力を加えると，その外力のモーメントの回転軸方向成分に比例し，回転軸まわりの慣性モーメントに反比例した角加速度 $\alpha = N_z / I_z$ が生じるのである．質点の（並進）運動方程式と比較すると，慣性モーメント $I_z$ が質量 $m$，角加速度 $\alpha$ が加速度 $a$，力のモーメント $N_z$ が力 $F$ に対応している．つまり，慣性モーメント $I_z$ は剛体の回転に対する慣性の大きさを表していることがわかる．力のモーメント $N_z$ が同じであれば，慣性モーメント $I_z$ が大きいほど回転の角加速度 $\alpha = \dot{\omega}$ が小さく，回転の角速度 $\omega$ が変化しにくい．

慣性とは運動状態を保とうとする性質のことである

$N_z$ は力の $x, y$ 成分にしか依存しないので，加えた力のうち回転軸（$z$ 軸）に平行な成分は $N_z$ に寄与しない．回転軸に平行な方向に力を及ぼしても剛体を回転させることはできないので，これは直感的にも明らかである．したがって，固定軸まわりの回転を考える際には，固定 $z$ 軸に垂直な $xy$ 平面内の力を考えれば良い．

### 9.2.1 剛体にはたらく重力

重力は，地表の物体に常にはたらく外力である．地表における剛体の回転運動を考えるには，剛体にはたらく重力のモーメント $N_g$ を知らなければならない．重力は剛体のどこか一点ではなく剛体を構成する全ての質点に対してはたらくので，$N_g$ は各質点にはたらく重力のモーメントの総和である．剛体にはたらく重力は，全質量に対する重力 $Mg$ が $\boldsymbol{r}_c$ 一点にはたらいていると見なすことができるので，重心の位置が分かれば剛体にはたらく重力のモーメントを簡単に計算できる．以下でこれを証明しよう．

重力加速度 $\boldsymbol{g}$ が位置によらず一定であるとき，剛体の各質点にはたらく重力のモーメント $\boldsymbol{r}_i \times m_i\boldsymbol{g}$ の総和 $\boldsymbol{N}_g$ は，

$$\begin{aligned}\boldsymbol{N}_g &= \sum_i \boldsymbol{r}_i \times m_i\boldsymbol{g} = \frac{\sum_i m_i\boldsymbol{r}_i}{M} \times M\boldsymbol{g} \\ &= \boldsymbol{r}_c \times M\boldsymbol{g} \qquad (9.12)\end{aligned}$$

と表せる．つまり，剛体にはたらく重力のモーメントは，重心 $\boldsymbol{r}_c$ 一点に全重力 $M\boldsymbol{g}$ がはたらく場合と等価である．第 8.3 節で導入した重心は "重力の中心" という意味であり，$\boldsymbol{r}_c$ の定義式 (8.12)は "質量の中心" を表したものであるが，上に示したように重力加速度が空間的に一様であれば両者は一致する．

**[例題 9.1]**

図 9.4 に示すように，回転軸に一端が固定された一様な棒（長さ $\ell$，質量 $M$）が，鉛直面内で摩擦なく自由に回転できる．この棒を水平に支えて静止させた状態から放した瞬間の棒の角加速度 $\alpha$ の大きさを求めよ．また，同じ瞬間の棒の可動端の加速度の大きさ，$a_e$ を求めよ．ここでは，後で導く回転軸まわりの棒の慣性モーメント $I = M\ell^2/3$（式 (9.20)）を用いよ．

[解] 図のように回転軸を $z$ 軸，鉛直下向きを $x$ 軸とする．棒にはたらく外力には重力と回転軸から受ける力があるが，軸回りにモーメントを及ぼすのは重力のみである．重力は棒の重心（中心）にはたらくと見なせるので，鉛直下向きから角度 $\varphi$ にある瞬間の重力のモーメント $\boldsymbol{N}_g$ は，

$$\boldsymbol{N}_g = -\frac{\ell}{2}Mg(\sin\varphi)\,\boldsymbol{e}_z$$

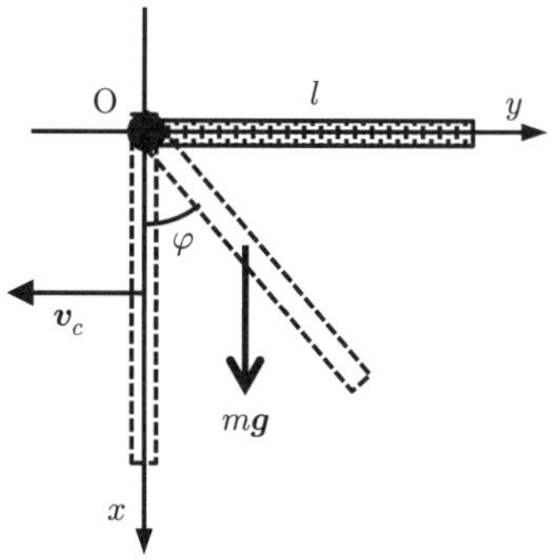


**図 9.4** 例題 9.1. $z$ 軸は紙面裏から表向き.

である. したがって, 回転の運動方程式 (9.11)は,

$$I\alpha = -\frac{\ell}{2}Mg\sin\varphi$$

となる. これより, 水平 ($\varphi = \pi/2$) のときの $\alpha$, $a_e$ の大きさは,

$$\alpha = \frac{\ell Mg\sin(\pi/2)}{2I} = \frac{3g}{2\ell}$$
$$a_e = \ell\alpha = \frac{3}{2}g$$

と求まる. $a_e > g$ であるので, 水平な状態において棒の端の上に置いたコインは, 手を離した瞬間に棒から浮き上がることがわかる.

### 9.2.2 剛体の角運動量保存則

剛体にはたらく外力のモーメントが 0 ($\boldsymbol{N} = \boldsymbol{0}$) であれば, 質点系の場合と同様 (式 (8.11)), 剛体の角運動量 $\boldsymbol{L}$ は保存する. 固定軸 ($z$ 軸) まわりに剛体が回転している場合も, 外力のモーメントの $z$ 成分が 0 ($N_z = 0$) であれば, 式 (9.8), (9.10), (9.11)から同様に,

$$L_z = I_z\omega = 一定 \tag{9.13}$$

となり, 角運動量の $z$ 成分が保存する.

固定軸まわりの剛体の回転を考えるかぎり $I_z$ は一定だから, 角運動量が保存することは, 角速度 $\omega$ が一定で回り続けることを意味するだけである. しかし, 剛体同士の合体, もしくは変形や分裂が生じると, その前後で $I_z$ は変化しうる. その過程において外力によるモーメントが 0 であれば, $I_z\omega$ は保存するが, $I_z$ が変化するので $\omega$ も変化することになる. たとえば, フィギュアスケートの選手が自転 (スピン) するとき, はじめ両手を大きく広げて (慣性モーメント大) ゆっくり回転を始めるが, 徐々に両手を体に引き寄せると (慣

変形をするならば剛体という前提が崩れるが, 変形前後では剛体であると仮定する

性モーメント小）角速度が増加していく．これは，角運動量保存則から理解できる．

**［例題 9.2］**　メリーゴーランド

半径 $R = 5\text{m}$ のメリーゴーランドが $\omega_i$ =9 回転/分で回転している．メリーゴーランドの回転軸のまわりの慣性モーメントは $I = 250\,\text{kg·m}^2$ である．質量 $m = 20\text{kg}$ の子供がこのメリーゴーランドの縁に飛び乗ると，メリーゴーランドの角速度 $\omega_f$ は何回転/分になるか？回転軸の摩擦は無視できるとする．

［解］子供とメリーゴーランドからなる系を考える．子供とメリーゴーランドの間にはたらく力は内力であり，回転軸を基準とすると回転軸にはたらく力のモーメントは 0 なので，子供が飛び乗った前後で角運動量は保存する．飛び乗った後の子供の角運動量は $mR^2\omega_f$ であるので，

$$(I + mR^2)\omega_f = I\omega_i$$

$$\omega_f = \frac{\omega_i}{1 + mR^2/I} = \frac{9}{1 + (20 \cdot 25)/250} = 3 \text{ 回転/分}$$

### 9.2.3　固定軸まわりの回転運動エネルギー

固定軸（$z$ 軸）まわりに角速度 $\omega$ で回転している剛体の運動エネルギーを考えよう．剛体の運動エネルギーは，全質点の運動エネルギーの総和 $K = \sum_i \frac{1}{2}m_i v_i^2$ である．$v_i = \xi_i \omega$（式 (9.5)）を代入すると，

$$K = \sum_i \frac{1}{2}m_i v_i^2 = \frac{1}{2}\sum_i m_i \xi_i^2\,\omega^2 = \frac{1}{2}I_z\omega^2 \tag{9.14}$$

と表される．この剛体の回転運動エネルギーの表式と質点の運動エネルギーの式 (6.13)を比較すると，慣性モーメント $I_z$ と質量 $m$，角速度 $\omega$ と速度 $v$ との対応が確認できる．

**［例題 9.3］**

例題 9.1 を再考する．水平な位置 ($\varphi = \pi/2$) から放して最下点（$\varphi = 0$）に到達したときの棒の重心（中心）の速さ $v_c$ を求めよ．

［解］回転軸には摩擦がはたらかないので，棒の力学的エネルギーは保存される．位置エネルギー $U$ は重心の高さによって決まるので（9.6 節，問 9.7），水平位置を $U$ の基準高さとした角度 $\varphi$ での位置エネルギーは，

$$U = -Mg\frac{\ell}{2}\cos\varphi$$

と表される．重心の速さ $v_c$ と棒の角速度 $\omega$ は $v_c = (\ell/2)\omega$ の関係があるので，固定軸回りの棒の運動エネルギー $K$ は式 (9.14)より，

$$K = \frac{1}{2}I\omega^2 = \frac{1}{2}I\left(\frac{2v_c}{\ell}\right)^2$$

となる．初期状態（$\varphi = \pi/2$）での力学的エネルギーは 0 なので，最下点における重心の速さ $v_c$ は，

$$\frac{1}{2}\left(\frac{M\ell^2}{3}\right)\left(\frac{2v_c}{\ell}\right)^2 - Mg\frac{\ell}{2} = 0$$
$$v_c = \frac{\sqrt{3g\ell}}{2}$$

と求まる．

# 9.3 慣性モーメント

式 (9.9)の定義からわかるように，慣性モーメントは回転軸まわりの質量分布により決まるので，同じ剛体でも回転軸の選び方により慣性モーメントの値は異なる．ここでは，簡単な形状の剛体について実際に慣性モーメントを計算してみよう．

## 9.3.1 連続体の慣性モーメント

まず，質量が連続的に空間分布する**連続体**に対する慣性モーメントの表式を導出しよう．式 (9.9)では剛体を離散的な質点の集まりとしたが，巨視的な物体は連続体と見なすのがふさわしい．図 9.5 に示すように，剛体中の位置ベクトル $\boldsymbol{r}$ における密度を $\rho(\boldsymbol{r})$ とする．$\boldsymbol{r}_i$ の位置の微小体積 $\Delta V_i$ の質量は $m_i = \rho(\boldsymbol{r}_i)\Delta V_i$ であるから，式 (9.9)の極限を考え，

$$I_z = \lim_{n\to\infty}\sum_{i=1}^{n}\xi_i^2 m_i = \lim_{n\to\infty}\sum_{i=1}^{n}\xi_i^2\rho(\boldsymbol{r}_i)\Delta V_i = \int_V \xi^2\rho(\boldsymbol{r})dV \qquad (9.15)$$

が得られる．積分記号の添字 $V$ は，積分範囲が物体全体であることを表す．また，円筒座標の $\xi$ は $z$ 軸から微小体積までの距離を表す．直交座標系では $\xi^2 = x^2 + y^2$ であり，$dV = dx\,dy\,dz$ であるから，

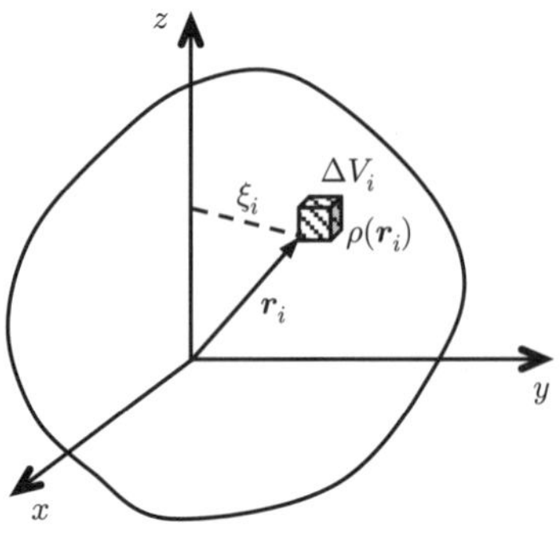


**図 9.5** 連続体の慣性モーメント

$$I_z = \iiint_V (x^2 + y^2)\rho(x, y, z)dxdydz \tag{9.16}$$

と表せる．円筒座標系 $(\xi, \varphi, z)$ では $dV = \xi\, d\xi d\varphi dz$ を用いて，

$$I_z = \iiint_V \xi^2 \rho(\xi, \varphi, z)\xi\, d\xi d\varphi dz = \iiint_V \xi^3 \rho(\xi, \varphi, z) d\xi d\varphi dz \tag{9.17}$$

となる．

物体の形状や質量分布が 2 次元的（平板状）であったり 1 次元的（棒状）な場合は，密度 $\rho$ の代わりに面密度 $\sigma(x, y)$，線密度 $\lambda(x)$ をそれぞれ用い，式 (9.16)の $\rho dx\, dy\, dz$ を，$\sigma dxdy$，$\lambda dx$ として積分計算を行えばよい．

### 9.3.2　簡単な形状の慣性モーメント

以下に，一様な質量分布の棒，円板，円柱について慣性モーメント $I$ の具体例を示そう．これらは連続体として，前節の積分表式を用いて計算する．

■【細い棒】　太さの無視できる長さ $\ell$ の一様な棒状の剛体を考える．棒の単位長さ当たりの質量，すなわち線密度を $\lambda$ とする．棒の質量は $M = \ell\lambda$ である．棒の中心にある重心 C を通り棒に垂直な固定軸まわりの慣性モーメント $I_c$ を計算しよう．図 9.6(a) のように，棒の長さ方向に $x$ 軸をとり棒の中心を原点とすると，長さ $\Delta x$ の微少部分の質量は $m_i = \lambda \Delta x_i$ であるから，

$$I_c = \sum_i x_i^2 m_i = \int_{-\ell/2}^{\ell/2} x^2 \lambda dx \tag{9.18}$$

と表せる．この積分を行い $\lambda = M/\ell$ を代入すると，

$$I_c = \lambda \left[\frac{x^3}{3}\right]_{-\ell/2}^{\ell/2} = \frac{M\ell^2}{12} \tag{9.19}$$

が得られる．

また，積分範囲を 0 から $\ell$ に変更すれば，棒の端を通る軸まわりの慣性モーメント $I_e$ が，

$$I_e = \int_0^{\ell} x^2 \lambda dx = \lambda \left[\frac{x^3}{3}\right]_0^{\ell} = \frac{M\ell^2}{3} \tag{9.20}$$

と求まる．

■【円板】　厚さが無視できる半径 $a$ の一様な円板を考える．単位面積当たりの質量，すなわち面密度を $\sigma$，円板の質量を $M = \pi a^2 \sigma$ とする．図 9.6(b) のように，半径 $\xi$ と $\xi + d\xi$ の同心円ではさまれた部分の面積は $dS = 2\pi\xi d\xi$ で

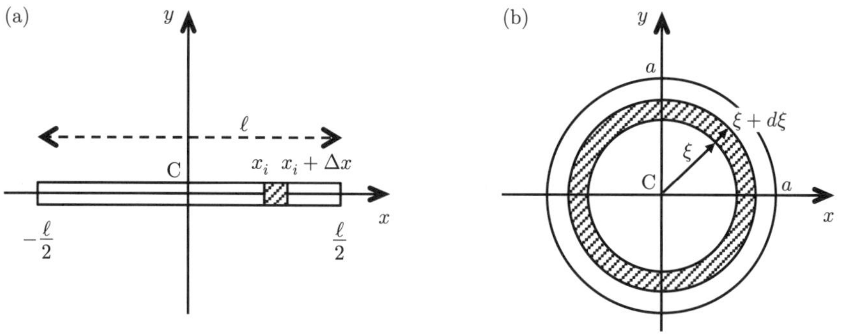


**図 9.6**　慣性モーメントの計算例

あり，この部分の質量は $2\pi\sigma\xi d\xi$ となるので，円板の中心にある重心 C を通り円板に垂直な固定軸のまわりの慣性モーメントは，

$$I_c = \int_0^a \xi^2 2\pi\sigma\xi d\xi = \frac{\sigma\pi a^4}{2} = \frac{Ma^2}{2} \tag{9.21}$$

となる．

■【円柱】　半径 $a$，高さ $h$ の円柱の中心（重心）軸のまわりの慣性モーメント $I_c$ を求めよう．密度を $\rho$ とすると円柱の質量は $M = \rho\pi a^2 h$ である．円柱は円板を多数重ねたものと考えることができるので，半径 $a$，高さ $dz$ の薄い円板の質量が $\pi a^2\rho dz$ であることと，円板の慣性モーメントの表式 (9.21)を用いれば，

$$I_c = \int_0^h \frac{(\pi a^2\rho dz)a^2}{2} = \frac{\pi a^4}{2}\rho\int_0^h dz = \frac{\pi a^4}{2}\frac{M}{\pi a^2 h}h = \frac{Ma^2}{2} \tag{9.22}$$

が得られ，円板と同一の表式であることがわかる．

**問 9.1**　半径 $R$，質量 $M$ の一様な球体の，重心（中心）を通る軸まわりの慣性モーメントを求めよ．

### 9.3.3　慣性モーメントに関する定理

前節において，均質で対称的な形状を持つ剛体の重心を通る軸まわりの慣性モーメントを解析的に計算したが，それ以外の軸に関して解析的に計算をするのは容易ではない．しかし，一般的に成立する以下の 2 つの定理をうまく利用すれば，既知の慣性モーメントの値から任意の軸回りの慣性モーメントを単純な計算によって求められる．

**■平行軸の定理** 質量 $M$ の剛体の任意の軸まわりの慣性モーメント $I$ は，その軸に平行で重心を通る軸まわりの慣性モーメント $I_c$ と，

$$I = I_c + Md^2 \tag{9.23}$$

の関係にある．ここで，$d$ は軸と重心との間の距離を表す．これを，**平行軸の定理**と呼ぶ．この定理を用いれば，重心を通る軸のまわりの慣性モーメントから，その軸に平行な任意の軸まわりの慣性モーメントを容易に求めることができる．また，平行な軸の中では重心を通る軸まわりの慣性モーメントが最小になることもわかる．

【証明】

図 9.7 において，剛体の $z$ 軸のまわりの慣性モーメント $I$ は，

$$I = \sum_i m_i \xi_i^2 = \sum_i m_i (x_i^2 + y_i^2) \tag{9.24}$$

と表される．今，剛体の重心 $C(x_c, y_c)$ を通り $z$ 軸に平行な回転軸を $z'$ 軸とする．C から見た $i$ 番目の質点（質量 $m_i$）の相対座標の $x, y$ 成分を $(x'_i, y'_i)$ とおくと，

$$x_i = x'_i + x_c, \qquad y_i = y'_i + y_c \tag{9.25}$$

であるから，これらを式 (9.24)に入れると

$$I = \sum_i m_i (x_i'^2 + y_i'^2) + \sum_i m_i (x_c^2 + y_c^2) \tag{9.26}$$

となる．ここで，重心を基準とした座標系では，$\sum_i m_i x'_i = 0$, $\sum_i m_i y'_i = 0$ となることを用いた（式 (8.18)）．式 (9.26)の右辺第 1 項は重心 C を通る $z'$ 軸まわりの慣性モーメント $I_c = \sum_i m_i (x_i'^2 + y_i'^2)$ であり，$d^2 = x_c^2 + y_c^2$, $M = \sum_i m_i$ を代入すると，式 (9.26)は，

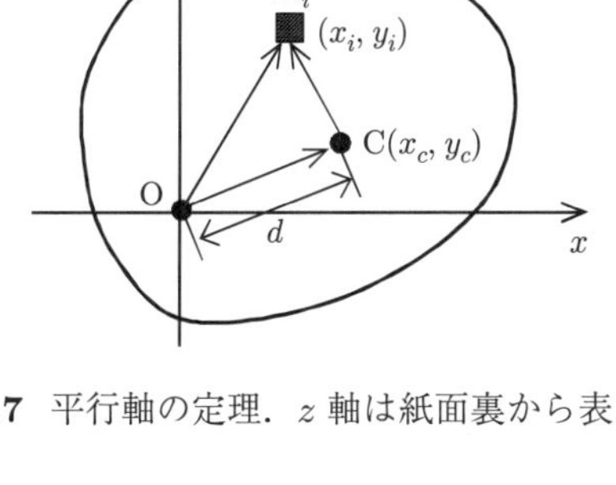


**図 9.7** 平行軸の定理．$z$ 軸は紙面裏から表向き．

$$I = I_c + Md^2 \tag{9.27}$$

と表され，平行軸の定理が証明される．第 2 項は全質量 $M$ が重心にあるとしたときの $z$ 軸まわりの慣性モーメントの表式になっている．

**問 9.2**　平行軸の定理を用いて，棒と円板の端を垂直に通る軸まわりの慣性モーメントを求めよ．

**■平板剛体の定理**　図 9.8 のように，薄い平板状の剛体の任意の一点 O を通る剛体面に垂直な軸（$z$ 軸）まわりの慣性モーメント $I_z$ と，O を通り平面内の互いに垂直な二つの軸（$x$ 軸，$y$ 軸）まわりの慣性モーメント $I_x$，$I_y$ との間には，

$$I_z = I_x + I_y \tag{9.28}$$

の関係がある．これを**平板剛体の定理**と呼ぶ．

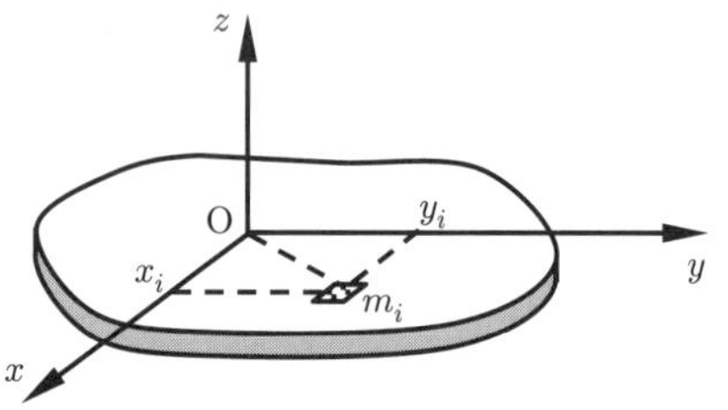


**図 9.8**　平板剛体の定理

【証明】

平板状剛体を微小部分に分割し，$i$ 番目の質点の質量を $m_i$，座標を $(x_i, y_i)$ とすると，$I_z$ は，

$$I_z = \sum_i (x_i^2 + y_i^2) m_i = \sum_i x_i^2 m_i + \sum_i y_i^2 m_i = I_x + I_y \tag{9.29}$$

となり，$I_x$ と $I_y$ の和として表される．

**問 9.3**　一様な円板（質量 $M$，半径 $a$）の中心を通る円板平面内の軸まわりの慣性モーメントを求めよ．

## 9.4 剛体振り子

図 9.9 のように，点 O を通る水平な軸に支えられて質量 $M$ の剛体が鉛直面内で振動する振り子を**剛体振り子**という．点 O を原点とし，鉛直下方に $x$ 軸，水平方向に $y$ 軸をとり，剛体の重心 C と原点 O の距離を $l$，鉛直方向からの振れの角（OC と $x$ 軸のなす角）を $\varphi$ とする．重心 C に，重力 $Mg$ による $z$ 軸方向の力のモーメント $N_z = -Mgl \sin\varphi$ がはたらくので，式 (9.11) より，固

9.2.1 節参照

定軸まわりの回転の運動方程式は,

$$I\ddot{\varphi} = -Mgl\sin\varphi \tag{9.30}$$

となる．ここで，回転軸まわりの剛体の慣性モーメントを $I$ とした．力のモーメントにマイナスが付いているのは，常に振れ角 $\varphi$ の増減と逆向きに力のモーメントが作用することを意味する．

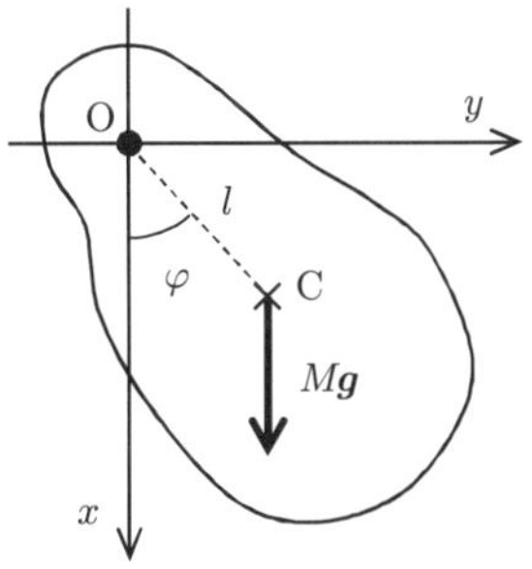


**図 9.9** 剛体振り子．$z$ 軸は紙面裏から表向き．

振れ角が小さく $\varphi$ が微小な範囲のみ剛体が振動するとき，式 (9.30)において $\sin\varphi \simeq \varphi$ と近似できるので，運動方程式は,

$$I\ddot{\varphi} = -Mgl\varphi \tag{9.31}$$

$$\ddot{\varphi} = -\frac{Mgl}{I}\varphi \tag{9.32}$$

となる．これは単振動の微分方程式であり，剛体は単振動を行う．このような振り子を**剛体振り子**または物理振り子と呼ぶ．式 (9.32)の一般解は,

$$\varphi(t) = A\cos(\omega_0 t + \alpha) \qquad (A, \alpha : \text{定数}) \tag{9.33}$$

である．ここで，剛体振り子の角振動数 $\omega_0$ は,

$$\omega_0 = \sqrt{\frac{Mgl}{I}} \tag{9.34}$$

周期 $T$ は

$$T = \frac{2\pi}{\omega_0} = 2\pi\sqrt{\frac{I}{Mgl}} \tag{9.35}$$

で与えられる．

**問 9.4** 長さ $L$，質量 $M$ の一様な棒の一端を回転軸とした剛体振り子の周期を答えよ．

## 9.5 剛体の平面運動

ここでは，剛体の**平面運動**を考える．平面運動とは剛体中のすべての点がある平面に平行にのみ動くような運動である．ここまで取り扱った固定軸まわりの回転運動も平面運動に含まれるが，本節では球体や円筒が転がるようなより自由度の大きな運動を考える．

8.3 節で，質点系の重心の運動は外力によって決定されることを学んだ．したがって，静止している剛体にはたらくすべての外力が同一面内にあれば，剛体の重心はその平面内を運動することになる．これを平面運動という．この平面を $xy$ 面とすると，剛体の運動は平面内での重心の位置 $(x_c,\ y_c)$ と，重心まわりの回転角 $\varphi$ の 3 つの変数で表すことができるので，剛体の平面運動の自由度は 3 となる．

剛体が $xy$ 面内にある外力 $\boldsymbol{F} = F_x\boldsymbol{e}_x + F_y\boldsymbol{e}_y$ の作用を受けて平面運動しているとき，式 (8.14)よりその重心は，

$$M\ddot{x}_c = F_x \tag{9.36}$$

$$M\ddot{y}_c = F_y \tag{9.37}$$

にしたがって並進運動をする．剛体が回転していればその回転軸は常に $z$ 軸方向を向いてる．

剛体が $z$ 軸対称な形状でない限り，角運動量の方向は回転軸方向（$z$ 軸）と一致するとは限らない．ただし，板状 2 次元物体が回転軸に垂直な面内（$xy$ 面）で平面運動する場合は，角運動量の方向は回転軸と一致して $z$ 成分のみとなる．

次に重心からみた剛体の回転運動を考える．重心系（8.4 節）における剛体の回転運動は，質点系の式 (8.27)と同様に，

$$\frac{dL'_z}{dt} = N'_z \tag{9.38}$$

で記述される．ここで，$L'_z$ と $N'_z$ は重心を基準とした角運動量と外力のモーメントの $z$ 成分である．剛体の重心を通る回転軸まわりの慣性モーメントを $I_c$，その軸まわりの剛体の角速度を $\omega$ とすると，式 (9.8)より，

$$L'_z = I_c\omega \tag{9.39}$$

であるから，重心まわりの回転運動は，

$$I_c\frac{d\omega}{dt} = N'_z \tag{9.40}$$

と表される．結局，平面内での剛体の転がり運動は，

1. 重心の並進運動方程式（式 (9.36)，(9.37)）
2. 重心まわりの回転運動方程式（式 (9.40)）

の 3 式によって記述できる．以下，具体例で考えてみよう．

## [例題 9.4]

図 9.10 に示すように，質量 $M$，半径 $r$ の一様な円柱が水平面と角 $\phi$ をなす斜面を滑らずに転がり落ちるとき，円柱の重心の加速度と摩擦力の大きさを求めよ．

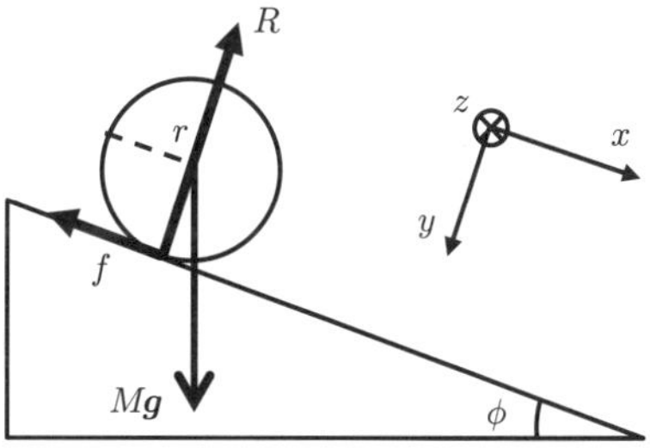

**図 9.10** 斜面を転がる円柱．$z$ 軸は紙面表から裏向き．

[解] 円柱にはたらく力は，重力 $Mg$，垂直抗力 $R$，および静止摩擦力 $f$ である．斜面に沿って下向きに $x$ 軸，斜面に垂直下向きに $y$ 軸をとると，円柱の重心に対する（並進）運動方程式の $x, y$ 成分は，

$$Ma_x = Mg\sin\phi - f \tag{9.41}$$
$$0 = R - Mg\cos\phi \tag{9.42}$$

である．また，円柱の重心（中心）まわりの回転運動に対する方程式は，円柱の中心軸まわりの慣性モーメントを $I_c$ として，

$$I_c \alpha = rf \tag{9.43}$$

となる．重力も垂直抗力も，重心系では力のモーメントに寄与しないことに注意しよう．

静止摩擦係数を $\mu_0$ とすると，円柱が斜面を滑らずに転がり落ちるには，

$$f < \mu_0 R = \mu_0 Mg\cos\phi \tag{9.44}$$

の条件が必要である．重心の $x$ 方向の速度 $v_x$ と円柱の回転角速度 $\omega$ の間には，$v_x = r\omega$ の関係があるから，加速度 $a_x$ と角加速度 $\alpha$ の間には，

$$a_x = \dot{v}_x = r\dot{\omega} = r\alpha \tag{9.45}$$

の関係式がある．式 (9.43) から，

$$f = \frac{I_c \alpha}{r} = \frac{I_c a_x}{r^2} \tag{9.46}$$

となるので，これを (9.41) に代入して加速度 $a_x$ を求めると，

$$a_x = \left(1 + \frac{I_c}{Mr^2}\right)^{-1} g\sin\phi \tag{9.47}$$

滑らずに転がるとき，円柱と斜面の接触部分は動摩擦のような滑りがなく相対的に静止したままなので静止摩擦力となる．

滑らずに転がるとき，円柱が $x$ 方向に進む距離と円柱が回転したの弧の長さは等しい．弧の長さに対応する回転角を $\varphi$ とすると $x = r\varphi$ となるので，時間微分すると $v = r\dot{\varphi} = r\omega$ の関係が得られる．

となる．円柱の中心軸まわりの慣性モーメント $I_c = Mr^2/2$ を代入すれば，加速度と静止摩擦力の大きさが，

$$a_x = \frac{2}{3} g \sin\phi \tag{9.48}$$

$$f = \frac{M}{3} g \sin\phi \tag{9.49}$$

と求まる．斜面を滑らずに転がり落ちる円柱は，摩擦のない斜面を滑る質点の加速度 $g \sin\phi$ の 2/3 の大きさで等加速度運動することが分かる．

**問 9.5** 傾斜角 $\phi$ の斜面を滑らずに転がる一様な球体（半径 $r$，質量 $M$）の重心の加速度を求めよ．

## 9.6 剛体の力学的エネルギー

剛体を質点系とみなすと，剛体の運動エネルギーは各質点の運動エネルギーの和として

$$K = \frac{1}{2} \sum_i m_i \boldsymbol{v}_i^2 \tag{9.50}$$

と書ける．これを第 8.5 節の質点系の式 (8.29)と同様に重心の運動エネルギーと相対運動の運動エネルギーに分けると，

$$K = \frac{1}{2} M \boldsymbol{v}_c^2 + \frac{1}{2} \sum_i m_i \boldsymbol{v}_i'^2 \tag{9.51}$$

が得られる．ここで，$\boldsymbol{v}_i'$ は重心に対する各質点の相対速度である．右辺第 2 項は重心まわりの各質点の相対運動エネルギーであるが，剛体の場合これは重心まわりの回転運動のエネルギーである．重心を通る回転軸のまわりに角速度 $\omega$ で剛体が回転しているとき，

$$|\boldsymbol{v}_i'| = \xi_i' \omega \tag{9.52}$$

であるから，式 (9.51)の右辺第 2 項は，

$$\frac{1}{2} \sum_i m_i \xi_i'^2 \omega^2 = \frac{1}{2} I_c \omega^2 \tag{9.53}$$

となる．ここで，$I_c$ は重心（質量中心）を通る回転軸まわりの慣性モーメントを表す．したがって式 (9.51)の剛体の運動エネルギーは，

$$K = \frac{1}{2} M \boldsymbol{v}_c^2 + \frac{1}{2} I_c \omega^2 \tag{9.54}$$

と書ける．第 1 項は重心の並進運動のエネルギー，第 2 項は重心まわりの回転のエネルギーである．

式 (9.54)を，固定回転軸まわりの剛体の運動エネルギーの式 (9.14)と比べると，重心の並進運動エネルギーを表す項だけ異なっているように見える．この違いは，式 (9.54)の慣性モーメント $I_c$ が重心を通る軸を基準としたものであるのに対し，式 (9.14)では固定軸まわりの慣性モーメント $I_z$ を用いているために生じている．固定軸まわりの表式 (9.14)も，平行軸の定理を用いて慣性モーメントの基準軸を重心に変更すれば，(9.54)と同様の表式となる．

**問 9.6**　端が固定軸となっている一様な棒の剛体振り子を考える．角速度 $\omega$ で回転している瞬間の剛体振り子の運動エネルギーを，式 (9.14)と (9.54)を用いて表し，平行軸の定理を用いれば両者が同じ式となることを確認せよ．

剛体のポテンシャルエネルギーは，重力などの外力のポテンシャルエネルギー $U$ だけ考えればよい．なぜなら，剛体は変形せず質点間の距離が一定なので質点間のポテンシャルエネルギーは変化しないからである．地上での剛体の重力位置エネルギーは，全質量 $M$ と基準点からの重心までの高さ $h_c$ を用いて，

$$U = Mgh_c \tag{9.55}$$

と表されるので，地上での剛体の力学的エネルギー $E$ は，

$$E = \frac{1}{2}M\boldsymbol{v}_c^2 + \frac{1}{2}I_c\omega^2 + Mgh_c \tag{9.56}$$

と表される．

**問 9.7**　剛体の重力位置エネルギーが，全質量と重心の高さによって式 (9.55)のように表せることを示せ．

**■【斜面を転がり落ちる円柱・エネルギー的考察】**　前節の例題 9.4 で求めた斜面を転がる円柱の加速度は，同質量の質点の加速度の 2/3 となった．これをエネルギーから考察してみよう．円柱が滑らずに斜面を転がり落ちる場合，静止摩擦力は剛体に仕事をしないので力学的エネルギーは保存されることに注意する．斜面を滑り落ちると位置エネルギーが減少し，その減少分だけ運動エネルギーが増加する．剛体の運動エネルギー $K$ は重心の並進運動エネルギーと重心まわりの回転の運動エネルギーの和

現実のタイヤ等では，転がる際に接触面が変形するなどしてエネルギーが散逸し力学的エネルギーは保存しない．これは転がり抵抗と呼ばれる．

$$K = \frac{1}{2}Mv_c^2 + \frac{1}{2}I_c\omega^2 \tag{9.57}$$

である．ここで，$I_c = Mr^2/2$ と $v_c = r\omega$ の関係を用いると，回転の運動エネルギーは，

$$\frac{1}{2}I_c\omega^2 = \frac{1}{4}Mr^2\omega^2 = \frac{1}{4}Mv_c^2 \tag{9.58}$$

となるので，重心の並進運動エネルギーの半分である．すなわち，位置エネルギー減少分の 2/3 が重心の並進運動，1/3 が回転の運動エネルギーに変換されることになる．このため，円柱が転がり落ちるときの重心の加速度が質点の場合よりも小さくなるのである．

**問 9.8** 天井から吊された質量 $M$，半径 $R$ の滑車（円板）がある．軽くて滑らないロープを滑車に巻き付け，ロープの一端に質量 $m$ のおもりを吊るす．おもりを静止状態から高さ $h$ だけ落下させたときのおもりの速さ $v$ を求めよ．

## 9.7 剛体のつり合い

複数の力が一つの物体に加わっている場合や，複数の物体が組み合わされた構造体がつり合って静止している場合に，各部位にどのような力がはたらくかということは，建築物などの構造体を設計する上で重要な問題である．本節では剛体のつり合いについて考える．

剛体が静止しているとき，(1) 重心は静止し，(2)（重心まわりに）回転していない．このためには，

(1) $\sum_i \boldsymbol{F}_i = \boldsymbol{0}$ （外力のつり合い）
(2) $\sum_i \boldsymbol{N}_i' = \boldsymbol{0}$ （重心系での力のモーメントのつり合い）

が必要となる．条件 (1) が満たされるとき，外力のモーメントの和は基準点によらないことが証明できるので（問 9.9），条件 (2) の基準点はどこでも良い．したがって剛体のつり合いには，

1. 外力のつり合い：

$$\sum_i \boldsymbol{F}_i = \boldsymbol{0} \tag{9.59}$$

2. 任意の基準点における力のモーメントの総和がゼロ：

$$\sum_i \boldsymbol{N}_i = \boldsymbol{0} \tag{9.60}$$

の 2 条件が必要となる．$\boldsymbol{F}_i$，$\boldsymbol{N}_i$ はベクトルであるから，式 (9.59)と (9.60)は 6 個の条件となり，これにより剛体の自由度 6 に対応する 6 個の変数が決定され，剛体のつり合い状態が決まる．

**[例題 9.5]**

摩擦のない壁に角度 $\theta$ で立てかけた質量 $M$ の一様な棒が静止している（図 9.11）．棒が床と壁から受ける抗力を求めよ．

壁に摩擦があると解が不定となる（本章コラム参照）．

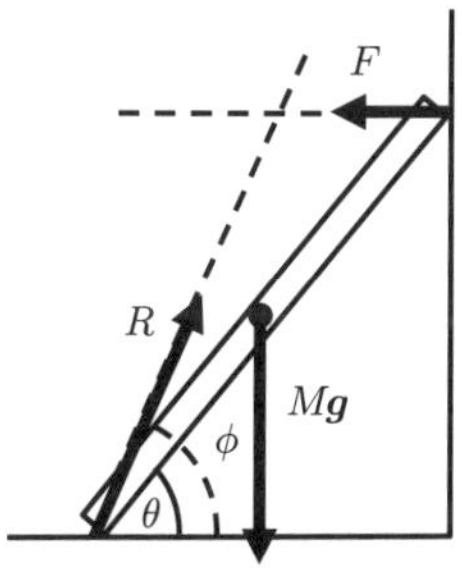


図 **9.11**　例題 9.5

[解]　床からの抗力を $R$，壁からの垂直抗力を $F$，$R$ と床のなす角度を $\phi$ とおく．棒の中心には鉛直下向きに重力 $Mg$ がはたらく．棒の長さは $\ell$ とおくと，鉛直方向と水平方向の力のつり合いより，

$$R\sin\phi = Mg$$
$$R\cos\phi = F$$

となる．また，棒と床の接点を基準として力のモーメントの総和を考えると，

$$\ell F\sin\theta - \frac{\ell}{2}Mg\cos\theta = 0$$

が必要となる．これらの 3 式より，$R$，$\phi$，$F$，を求めると，

$$F = \frac{Mg}{2\tan\theta}$$
$$\tan\phi = 2\tan\theta \quad (\phi = \arctan(2\tan\theta))$$
$$R = \frac{F}{\cos\phi} = \sqrt{1+4\tan^2\theta}\frac{Mg}{2\tan\theta} = \sqrt{1+(2\tan\theta)^{-2}}Mg$$

**問 9.9**　剛体にはたらく外力が釣り合っているとき（$\sum_i \boldsymbol{F}_i = \boldsymbol{0}$），外力のモーメントの総和 $\sum_i \boldsymbol{N}_i$ がモーメントの基準原点によらないことを示せ．

## コラム：剛体のつり合いにおける不定問題

剛体のつり合いは，式 (9.59)と (9.60)から原理的に必ず解けるように思えるが，実はそうではない．以下に示すような簡単な問題においても解が不定になる．

■【例 1：3 点で支えられた水平な棒】 図 9.12(a) のように質量 $M$ の一様な棒が摩擦のはたらかない 3 つの支点（座標 $x_1$，$x_2$，$x_3$）で水平に支えられて静止している．各支点にはたらく垂直抗力を $R_1$，$R_2$，$R_3$ とすると，重心 $C$ を原点としたつり合いの条件式は

$$\sum_i R_i = Mg \qquad \sum_i x_i R_i = 0$$

となるが，方程式の数は 2 個なので，3 個の未知数 $R_i\ (i = 1, 2, 3)$ を一意的に決めることはできない．

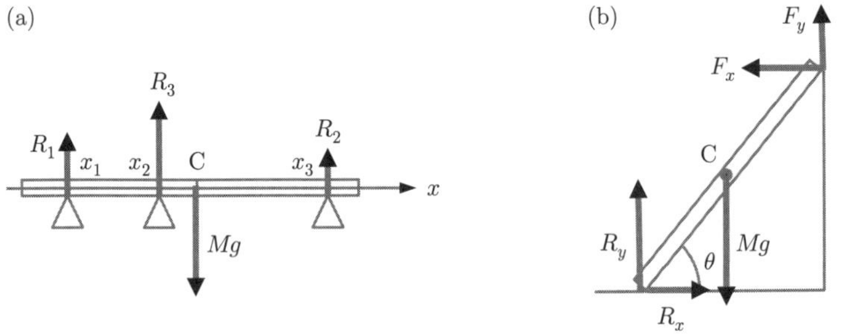


**図 9.12** 剛体のつり合いにおける不定問題

■【例 2：摩擦のある壁への棒の立て掛け】 例題 9.5 において，壁にも摩擦がある場合を考える（図 9.12(b)）．最大静止摩擦力を超えない範囲で静止摩擦力は垂直抗力とは独立であることに注意すると，つり合いの式は $x$，$y$ 方向の力のつり合い 2 個と力のーモンメントに関する式 1 個の計 3 個となる．しかし，未知数は $R_x$，$R_y$，$F_x$，$F_y$ の 4 個なので，やはり解は不定となる．

以上のように，剛体のつり合いにおいて抗力が一意的に決まらないことがあり，これは**剛体のつり合いにおける不定問題**と呼ばれる．実際には，つり合い状態にある物体にはたらく力が一意的に決まらないことはありえない．この不定問題の原因は，物体を剛体として取り扱ったこと自体にある．現実の物体は決して剛体ではなく，外力がはたらけば多少なりとも変形する．上のような問題においては，物体の変形を考慮しないと抗力を一意的に決定することができないのである．

### 9.7.1　等価な力

剛体にはたらく力 $\boldsymbol{F}$ の作用点を $P$, その位置ベクトルを $\boldsymbol{r}$ とする（図 9.13）. 力のモーメント $\boldsymbol{N} = \boldsymbol{r} \times \boldsymbol{F}$ の大きさは，基準点から力の作用線までの垂直距離（モーメントの腕の長さ）を $d$ として $rF \sin\theta = dF$ と表されるから，力の作用点 $P$ を作用線上に平行移動させても力のモーメント $\boldsymbol{N} = \boldsymbol{r} \times \boldsymbol{F}$ は変化しない．したがって，力とそのモーメントが同一であるという点で，**作用線上に平行移動させた力は全て等価**と言える．剛体のつり合いの問題を考えるとき，作用線に沿って適当に力を平行移動させることで問題の見通しが良くなることがある．

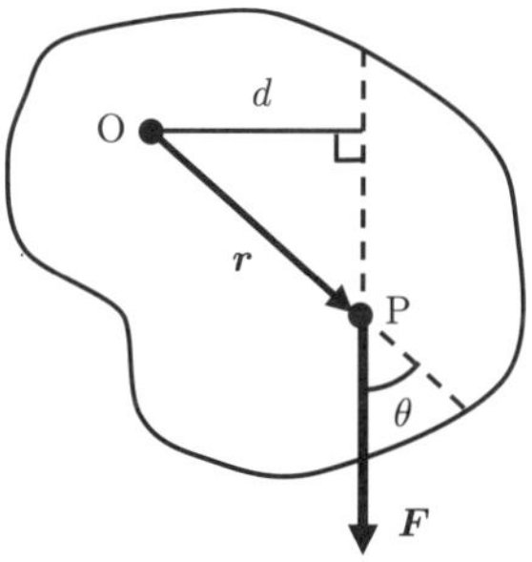


**図 9.13**　等価な力

以上をまとめると，剛体のつり合いを考えるときには，

- 力のモーメントの基準点は任意でよい（問 9.9）
- 力は作用線上に任意に平行移動させてよい

ということを利用できる．

### 9.7.2　共点状態

図 9.14 の左に示すように，平行ではない 3 つの力を受ける物体を考える．この物体がつり合い状態にあるとき，3 つの力の作用線は 1 つの共通点 $S$ で交差しなければならない（必要条件）．これを共点状態と呼ぶ．作用線上に平行移動させた力が等価であること，力のモーメントが任意の基準点で 0 にならなければならないことを考えれば，これは明らかであろう．ただし，3 つの力が平行である場合はこの限りではない．二つの支点で支えられて静止した水平な剛体棒にはたらく 3 つの力は 1 点で交わらない（図右）．

**問 9.10**　例題 9.5 において，床の抗力 $R$ と床がなす角度 $\phi$ の満たすべき条件を，棒にはたらく 3 つの力が共点的にならなければならないという条件から求

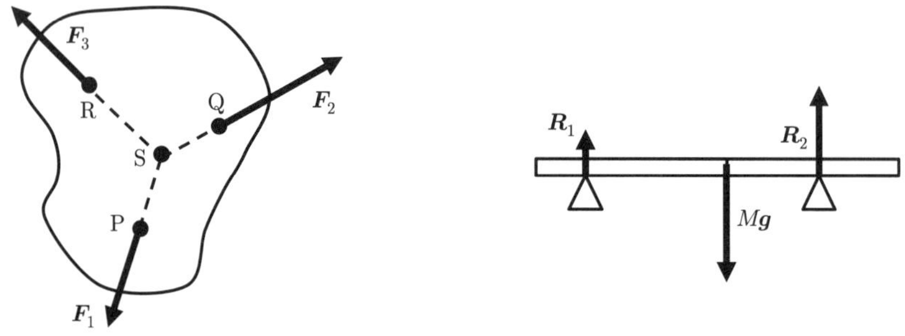


**図 9.14**　3 つの力のつり合い

めよ．

### 9.7.3　偶　　力

図 9.15 のような，大きさが等しく逆向きの一対の力を考える．これらの作用線が重なっていないとき，この一対の力を**偶力**と呼ぶ．作用線間の距離を $d$ とすると，任意の基準点において偶力のモーメントの大きさは，

$$N = dF \tag{9.61}$$

である．偶力の合力は 0 であるから重心は静止したままであり，力のモーメントのみが大きさをもつ．偶力は，ドアノブを回すときなどのように軸対称の物体の軸を静止させたまま回転させるときなどに現れる．

逆に，物体が 2 つの力を受けるときにつり合いとなるのは，その 2 つの力の大きさが等しく逆向きで，同一の作用線をもつときのみであることも分かる．

**問 9.11**　偶力が式 (9.61)で表されることを示せ（力がつり合っているので，基準点は任意でよいことを用いると簡単に示せる）．

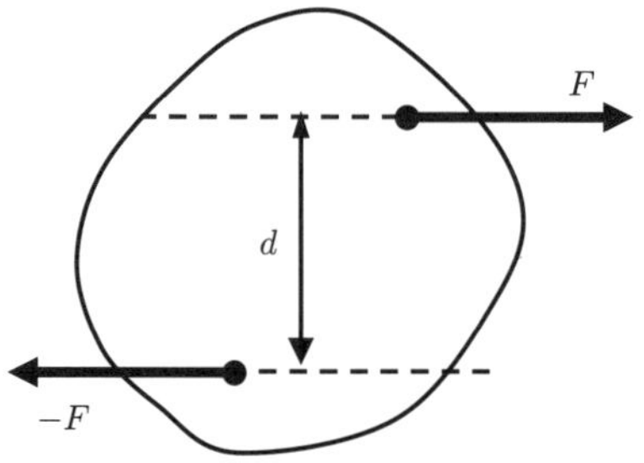


**図 9.15**　偶力

## 9.8 コマの歳差運動

固定軸まわりの運動と平面運動では，剛体にはたらく力のモーメントの方向と回転軸もしくは角運動量の方向とが一致しており，回転軸の方向がつねに一定（$z$ 軸）であった．しかし，一般的には，剛体の角運動量と力のモーメントの方向が一致しない運動も存在する．本節ではそのような剛体の運動の一例として，コマの**歳差運動**（precession）について考察する．

コマの歳差運動とは，コマの回転軸が鉛直方向から傾いたときに軸自身がゆっくりと円を描くように振れる運動のことである．首振り運動などとも呼ばれる．固定軸まわりの回転や平面運動の場合と異なり，コマの持つ角運動量とコマにはたらく力のモーメントの方向が異なるため，角運動量の方向（回転軸の向き）が時間変化していくことにより歳差運動が現れる．

歳差という言葉は天文学に由来する．公転面に対して傾く地球の自転軸が周期約 25,800 年の首振り運動をすることで，春分点・秋分点が黄道に沿って少しずつ西向きに移動することを指す．

では，歳差運動を具体的に考えてみよう．まず，図 9.16 のように，回転軸を鉛直方向に立てて角速度 $\omega$ で自転するコマを考える．軸先端の位置を座標原点にとり，鉛直上向きを $z$ 軸とする．コマは軸対称な質量分布をもつので，重心 $\boldsymbol{r}_c$ は回転軸（$z$ 軸）上にある．コマの軸まわりの慣性モーメントを $I_c$ とすると，原点を基準としたコマの角運動量は，

$$\boldsymbol{L} = I_c \omega \boldsymbol{e}_z = I_c \boldsymbol{\omega} \tag{9.62}$$

と表される．ここで $\boldsymbol{\omega}$ は**角速度ベクトル**と呼ばれる．これは，大きさが角速度 $\omega$ に等しく回転軸の方向を向いたベクトルで，回転に沿って右ネジが進む方向が正と定義される．コマは軸対称な質量分布を持つので，角運動量 $\boldsymbol{L}$ と回転軸の方向が一致する．コマにはたらく外力は，重心 $\boldsymbol{r}_c$ にはたらく重力 $-Mg\boldsymbol{e}_z$ と，軸先端（原点）にはたらく垂直抗力 $R$ と摩擦力 $f$ であるが，原点を基準とした力のモーメントとしては重力のみを考えれば良い．図 9.16 のように回転軸が鉛直上向きの場合，重力のモーメントも 0 となるので角運動量は保存す

軸対称な剛体でなければ，一般的には角運動量と回転軸の方向は一致しない．

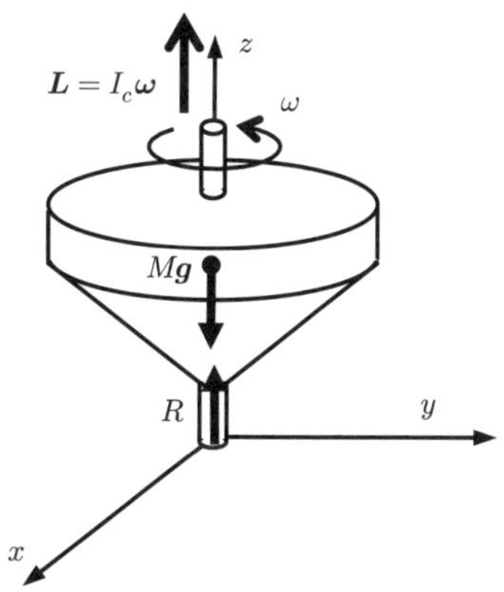


図 **9.16** 軸を鉛直にして回転するコマ

る．したがって $\boldsymbol{\omega}$ は一定，つまり回転軸は $z$ 軸に一致したまま一定の角速度 $\omega$ で回転し続ける．

実際には回転軸に太さがあるため，先端にはたらく摩擦力による力のモーメント（$-\boldsymbol{e}_z$ 方向）が存在し，角速度は徐々に低下していく．

次に，図 9.17(a) のように回転軸が $z$ 軸に対して $\theta$ 傾いている場合を考えよう．このとき原点を基準とした重力のモーメントは $\boldsymbol{N}_g = \boldsymbol{r}_c \times (-Mg)\boldsymbol{e}_z$ （$|\boldsymbol{N}_g| = Mgr_c \sin\theta$）となる．コマの角運動量 $\boldsymbol{L} = I_c\boldsymbol{\omega}$ は，

$$\frac{d\boldsymbol{L}}{dt} = -Mg\boldsymbol{r}_c \times \boldsymbol{e}_z \tag{9.63}$$

にしたがって時間変化する．では，$\boldsymbol{L}$ は具体的にどのように変化するのであろうか．ここで，$\boldsymbol{N}_g$ は $\boldsymbol{r}_c$ と $\boldsymbol{e}_z$ に常に垂直であるのでから $xy$ 面に平行である．したがって，$\boldsymbol{N}_g$ は回転軸に垂直，すなわち $\boldsymbol{L}$ と $\boldsymbol{\omega}$ に垂直であることに注意しよう（図 9.17(a)）．また，軸の傾き $\theta$ が一定であれば $\boldsymbol{N}_g$ の大きさも一定である．つまり，コマには大きさが一定で常に $\boldsymbol{L}$ に直交した $xy$ 平面内の力のモーメント $\boldsymbol{N}_g$ が作用している．この状況は，等速円運動する質点の運動量 $\boldsymbol{p}$ と向心力 $\boldsymbol{F}_r$ との関係と全く同じであるので，$\boldsymbol{N}_g$ によって $\boldsymbol{L}$ の $xy$ 平面成分（大きさ $L\sin\theta$）は，一定の角速度 $\omega_p$ で回転することになる．一方，$\boldsymbol{N}_g$ の $z$ 成分は 0 であるから $\boldsymbol{L}$ の $z$ 成分は変化しない．結局 $L$ は，傾き $\theta$ を一定に保ったまま $z$ 軸まわりを等角速度で首振り運動を行う．これが歳差運動である．

$\omega_p$ は歳差運動の角速度のことで，コマの自転角速度 $\omega$ とは異なることに注意

この歳差運動の角速度 $\omega_p$ を求めてみよう．図 9.17(b) に示すように，角運動量の $xy$ 面成分（大きさ $L\sin\theta$ 一定）の運動を考える．微少時間 $\Delta t$ における変化は $|\boldsymbol{N}_g|\Delta t = Mgr_c \sin\theta\Delta t$ である．この間の回転角度を $\Delta\phi$ とすると，図から

$$(L\sin\theta)\Delta\phi = (Mgr_c \sin\theta)\Delta t \tag{9.64}$$

となり，歳差運動の角速度は，

$$\omega_p = \frac{\Delta\phi}{\Delta t} = \frac{Mgr_c}{L} = \frac{Mgr_c}{I_c\omega} \tag{9.65}$$

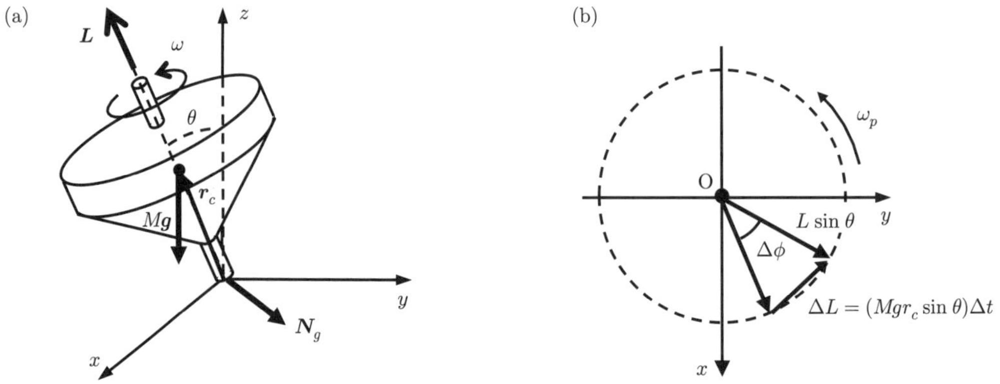


図 **9.17** コマの歳差運動．(a) 角運動量 $\boldsymbol{L}$ と重力のモーメント $\boldsymbol{N}_g$．(b) 角運動 $\boldsymbol{L}$ の $xy$ 成分の回転運動．

となる．コマの歳差運動の角速度 $\omega_p$ は，自転角速度 $\omega$ の大きさに反比例して小さくなることがわかる．勢いよく回したコマ（$\omega$ 大）の首振り運動は最初非常にゆっくりとしている（$\omega_p$ 小）が，軸先における摩擦などの影響でコマの回転角速度 $\omega$ が小さくなるにつれて，コマの首振り運動は逆に速くなっていく（$\omega_p$ 大）．

## 章末問題 9

— **A** —

**9.1** 以下の厚さが無視できる一様な物体の慣性モーメント $I$ を求めよ．

(a) 半径 $a$，質量 $M$ の一様な円環（リング）の中心を通り円環面に垂直な固定軸のまわりの $I$．

(b) 半径 $a$，質量 $M$ の一様な球殻の中心を通る固定軸のまわりの $I$．

**9.2** （アトウッドの器械）円の中心を通り円に垂直な固定軸のまわりで自由に回転する半径 $R$，質量 $M$ の一様な円板がある．これに質量の無視できる糸をかけ，その両端に質量がそれぞれ $m$，$m'$ のおもり P，Q をつける．$m > m'$ のとき P は落下し Q は上昇する．おもりの加速度 $a$ を求めよ．ただし，重力加速度の大きさは $g$ として，糸は滑らないとする．

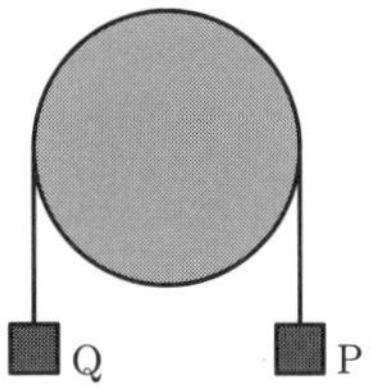


— **B** —

**9.3** 摩擦のない水平面上に静止している質量 $M$ のブロックに，長さ $L$ の軽くて質量の無視できる剛体棒の一端がつながれている．棒の他端は固定され自由に回転できる．水平に速さ $v$ で飛行する質量 $m$ の弾丸が，棒に垂直な方向からブロックに命中して中に埋まった．固定軸を基準点とした弾丸とブロックからなる系の角運動量はいくらか答えよ．また，一体となった後の回転角速度を求めよ．

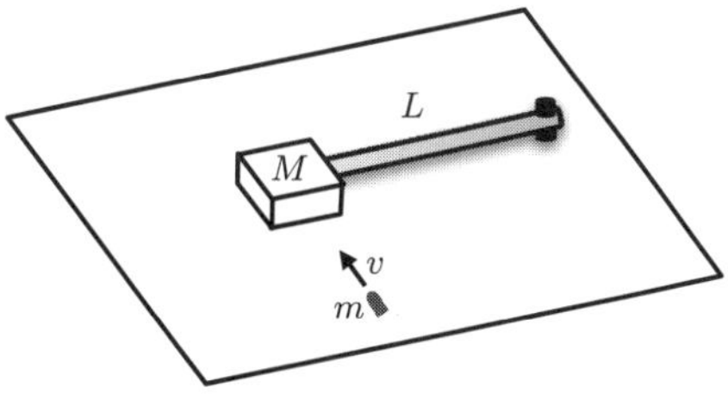


**9.4** 支点の位置が中心からわずかにずれた天秤を用いてある物体の質量を測定した．右側の皿に物体をのせると $M_1$[g] の分銅と釣り合った．次に左側の皿に物体をのせると $M_2$[g] の分銅と釣り合った（$M_1 > M_2$）．

(a) 物体のほんとうの質量 $M$ を $M_1$，$M_2$ を用いて表せ．

(b) $M_1$ と $M_2$ の差が小さい時は，$M$ は $M_1$ と $M_2$ の平均値で代用できる理由を説明せよ．

# 10
# 相 対 運 動

これまでは慣性系における質点の運動を調べてきたが，動いている電車やエレベータの中での物体の運動や自転している地球の表面での運動などを考えるときには，電車，エレベーター，地球とともに動く座標系で運動を記述する方が便利である．ここでは，並進運動と回転運動における相対運動について座標変換を用いて調べてみよう．

## 10.1　並進座標系の運動

質量 $m$ の質点に力 $\boldsymbol{F}$ がはたらいているとする．原点を O とする慣性系（静止座標系あるいは O 系とよぶ）において，質量 $m$ の質点がある時刻に点 P にあるとし，その質点の位置ベクトルを $\boldsymbol{r}$ とすると，O 系における運動方程式は

$$m\ddot{\boldsymbol{r}} = \boldsymbol{F} \tag{10.1}$$

となる．この慣性系に対して並進運動している座標系（並進座標系あるいは O′ 系とよぶ）を考える．ただし，時刻 $t = 0$ で O 系の原点 O と O′ 系の原点 O′ は一致していたとする．図 10.1 に示すように，O′ 系から見た質点の位置ベクトルを $\boldsymbol{r}'$，O 系から見た O′ 系の原点 O′ の位置ベクトル，すなわちベクトル $\overrightarrow{\mathrm{OO'}}$ を $\boldsymbol{r}_0$ とすると，これらの間には

$$\boldsymbol{r} = \boldsymbol{r}' + \boldsymbol{r}_0 \tag{10.2}$$

という関係がある．

式 (10.2) の両辺を時間で 2 回微分すると

$$\ddot{\boldsymbol{r}} = \ddot{\boldsymbol{r}}' + \ddot{\boldsymbol{r}}_0 \tag{10.3}$$

となるので，これを式 (10.1) に入れると

$$m\ddot{\boldsymbol{r}}' + m\ddot{\boldsymbol{r}}_0 = \boldsymbol{F} \tag{10.4}$$

すなわち，

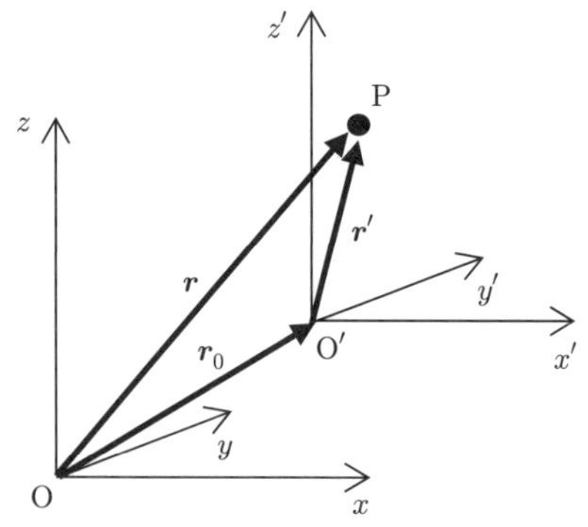


図 **10.1** 静止座標系と並進座標系

$$m\ddot{\boldsymbol{r}}' = \boldsymbol{F} + (-m\ddot{\boldsymbol{r}}_0) \tag{10.5}$$

となる．O′ 系からみた運動は静止系と同様な運動方程式の形式で表される．この式は，O′ 系においては実際の力 $\boldsymbol{F}$ のほかに**慣性力**と呼ばれる見かけの力 $-m\ddot{\boldsymbol{r}}_0$ がはたらいていることを意味する．ベクトル $\boldsymbol{F}$ は平行移動しても不変であるから，O 系と O′ 系における力 $\boldsymbol{F}$ は等しい．

私達が電車に乗っているときに，電車が加速すると進行方向に逆向きの力がはたらき，減速すると進行方向の力がはたらくことを体感するのは，私達のからだにこの慣性力がはたらいているからである．このように慣性力が現れる座標系のことを**非慣性系**という．

### 10.1.1 並進座標系が等速度運動するとき

O′ 系が O 系に対して等速度運動 ($\dot{\boldsymbol{r}}_0 =$ 一定) をしているとき，$\ddot{\boldsymbol{r}}_0 = 0$ であるから，慣性力 $-m\ddot{\boldsymbol{r}}_0 = 0$ になるので，O′ 系も慣性系となる．すなわち，慣性系に対して等速直線運動している座標系はすべて慣性系となり，両座標系で同じ運動法則が成り立つ（**ガリレオの相対性原理**という）．等速度を $\dot{\boldsymbol{r}}_0 = \boldsymbol{v}_0 =$ 一定とすると

ガリレオ・ガリレイ (Galileo Galilei,1564-1642，イタリア)．Galileo は家族名である Galilei (複数形) の単数形で，長男に家族名をつける習慣によるもの．本書ではガリレオを用いる．

$$\boldsymbol{r} = \boldsymbol{r}' + \boldsymbol{v}_0 t \tag{10.6}$$

となり，この変換式 (10.6) を**ガリレオ変換**という．ガリレオ変換で結ばれる 2 つの座標系においてニュートンの運動方程式が同じ形になること，すなわち，O 系では $m\ddot{\boldsymbol{r}} = \boldsymbol{F}$，O′ 系においては $m\ddot{\boldsymbol{r}}' = \boldsymbol{F}$ となることを，「ニュートンの運動方程式はガリレオ変換に対して不変である」という．

**[例題 10.1] 電車内での物体の落下**

図 10.2 に示すように，地上の直線状のレールを等速度 $\boldsymbol{u} = (u, 0)$ で走る電

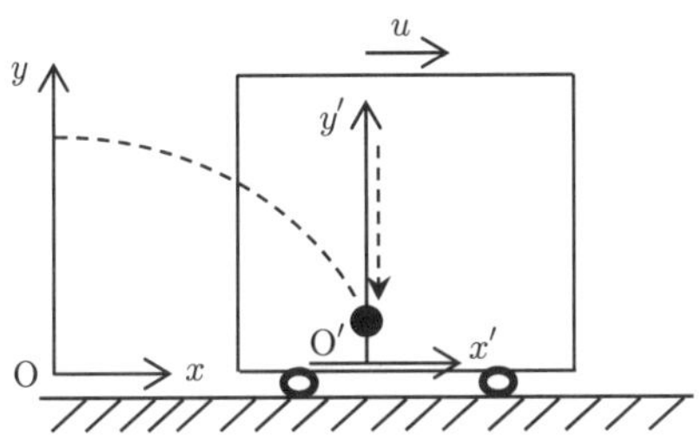


**図 10.2** 地上の直線状のレールを等速度 $\boldsymbol{u} = (u, 0)$ で走る電車

車の中で，質量 $m$ の小さな物体が高さ $h$ の天井から自由落下する場合を考える．このとき，物体の運動は O 系と O′ 系でどのように見えるか．

［解］ 地面に固定された静止座標系を O 系 $(x, y)$ とし，電車に固定された並進座標系を O′ 系 $(x', y')$ とする．また，初期条件は，時刻 $t = 0$ で $x = x'$，$y = y'$ および $\dot{x}' = \dot{y}' = 0$ とする．時刻 $t$ における $(x, y)$ と $(x', y')$ の関係 (座標変換) は，

$$\begin{aligned} x &= x' + ut \\ y &= y' \end{aligned} \tag{10.7}$$

である．これらの関係を用いると，O 系および O′ 系における運動方程式はそれぞれ

$$\begin{aligned} &\text{O 系：}\ m\ddot{x} = F_x,\ m\ddot{y} = F_y \\ &\text{O}' \text{ 系:}\ m\ddot{x}' = F_x,\ m\ddot{y}' = F_y \end{aligned}$$

となる (ガリレオ変換に対して不変)．運動方程式はこのように両座標系で同じ形になるが，物体の運動は座標系により異って見える．物体にはたらく力は重力 $\boldsymbol{F} = (0, -mg)$ だけであるから，O′ 系の運動方程式は，

$$\begin{aligned} m\ddot{x}' &= 0 \\ m\ddot{y}' &= -mg \end{aligned} \tag{10.8}$$

である．これらの運動方程式を初期条件のもとで解くと，

$$\begin{aligned} x' &= 0 \\ y' &= -\frac{1}{2}gt^2 + h \end{aligned} \tag{10.9}$$

となる．すなわち，O′ 系では，小さな物体は鉛直に自由落下運動をする．一方，O 系では，式 (10.9) を式 (10.7) に入れると，

$$\begin{aligned} x &= ut \\ y &= -\frac{1}{2}gt^2 + h \end{aligned} \tag{10.10}$$

となるので，これらの 2 式から時間 $t$ を消去すると，

$$y = -\frac{g}{2u^2}x^2 + h \tag{10.11}$$

となる．すなわち，O 系では，高さ $h$ の地点から水平方向に初速度 $u$ で発射した物体の放物運動に見える．このように，等速運動している電車内で小さな物体を自由落下させると，電車に乗っている人にとっては単なる自由落下に見えるが，これを地上で見ている人にとっては放物運動に見えるのである．

### 10.1.2 並進座標系が等加速度運動するとき

O′ 系が O 系に対して加速度 $\boldsymbol{a}_0$ の等加速度運動をしているとき，式 (10.5) の右辺第 2 項の慣性力 $-m\boldsymbol{a}_0$ は時間によらない一定の力となる．このとき，O′ 系は慣性系ではない．

**［例題 10.2］ 等加速度運動をする電車の天井からつるされた物体**

図 10.3 のように，一定の加速度 $\boldsymbol{a}_0$ で等加速度運動をしている電車の天井から糸でつり下げられた質量 $m$ の小さな物体の運動は，鉛直線からある一定の角度で傾いたままである．この物体の運動を O 系と O′ 系で説明しなさい．

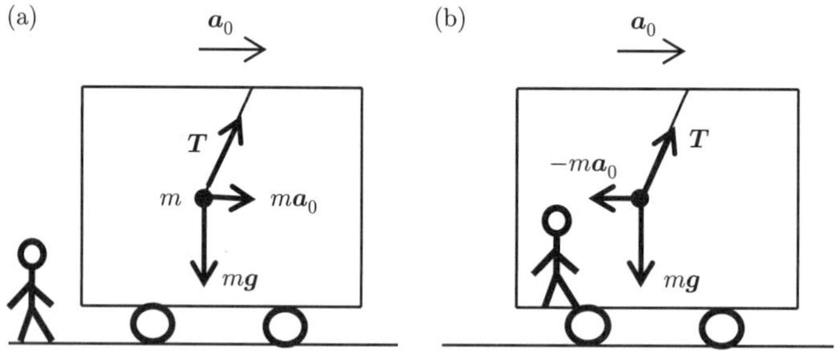


**図 10.3** 等加速度で走る電車

［解］ O 系を地面に固定された静止座標系とすると，O 系では物体は電車とともに加速度 $\boldsymbol{a}_0$ で等加速度運動している．図 10.3(a) のように，物体にはたらく力は糸の張力 $\boldsymbol{T}$ と重力 $m\boldsymbol{g}$ の合力であるので，運動方程式を書くと，

$$m\boldsymbol{a}_0 = \boldsymbol{T} + m\boldsymbol{g} \tag{10.12}$$

という関係が成り立っている．一方，O′ 系を電車に固定された並進座標系とすれば，電車に乗っている人がこの物体を見ると，一定角で傾いて静止しているので，この物体にはたらく力は図 10.3(b) のように，糸の張力 $\boldsymbol{T}$，重力 $m\boldsymbol{g}$ および慣性力 $-m\boldsymbol{a}_0$ がつり合った状態（加速度 $= 0$）

$$\boldsymbol{T} + m\boldsymbol{g} - m\boldsymbol{a}_0 = 0 \tag{10.13}$$

となっている．式 (10.12)と式 (10.13) は移項すれば同じ式になるが，式 (10.12)は運動方程式であり，式 (10.13) は力のつり合いの式であり，式の意味は異なる．

**［例題 10.3］　フリーフォールマシンにおける無重力状態**

遊園地にある垂直落下型マシン（通称フリーフォールマシン）は，乗客を乗せたゴンドラが重力により自由落下するものである．フリーフォールマシンの乗客が無重力状態を体験できる理由を考えよ．

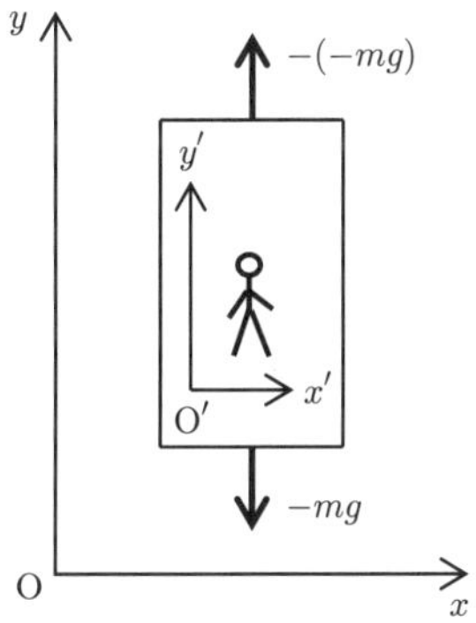


**図 10.4**　フリーフォールマシン

［解］図 10.4 に示すように，地面に固定された座標系を静止座標系（O 系）とし，垂直に落下するゴンドラに固定された座標系を並進座標系（O′ 系）とする．鉛直上向きに $y$ 軸をとると，質量 $m$ の乗客に対する運動方程式は，O 系では

$$m\ddot{y} = -mg \tag{10.14}$$

である．乗客を乗せたゴンドラは重力の加速度で自由落下するので，O′ 系では上向きの慣性力 $-(-mg)$ がはたらき，

$$m\ddot{y}' = -mg + mg = 0 \tag{10.15}$$

となる．つまり，重力と慣性力がつり合って，無重力状態が実現している．

遊園地のフリーフォールマシンでは高さが数 10 メートル程度であり，無重力状態が実現するのは 2-3 秒間である．本格的に無重力下での実験を行う際には，元炭鉱の数 100 メートルの深さの垂直坑道（立坑）でカプセルを落下させて約 10 秒間の実験を行なったり，上空で航空機のエンジンを止めて放物線飛行を行い，約 20 秒間無重力状態で実験を実施することもできる．

**問 10.1**　フリーフォールマシン，垂直坑道および上空でエンジン停止して放物線飛行を行う飛行機の落下時間がそれぞれ 3 秒，10 秒および 20 秒として，それぞれの落下距離を求めよ．ただし空気抵抗は無視し，重力加速度の大きさは $9.8\mathrm{m/s^2}$ とする．

## 10.2 回転座標系の運動

前節では O 系に対して O′ 系が並進運動している場合を考えたが，本節では，慣性系である O 系に対して O′ 系が回転運動している場合を考える．このとき，O′ 系を回転座標系という．

図 10.5(a) のように，直交座標系で $z$ 軸と $z'$ 軸が一致している場合，$z(z')$ 軸を回転軸とすると，2 次元 $xy$ 平面の回転運動を考えればよい．したがって，$x, y$ 軸に対する $x', y'$ 軸の回転を調べよう．簡単のため，図 10.5(b) に示すように，O 系に対して O′ 系が $z$ 軸のまわりで一定の角速度 $\omega$ で回転している場合を考える．このとき，$x, y$ 軸が空間に固定された座標軸であるとし，時刻 $t = 0$ で $x, y$ 軸と $x', y'$ 軸が一致していたとすると，時刻 $t$ では，$x, y$ 軸は $x', y'$ 軸に対して角度 $\omega t$ だけ回転している．

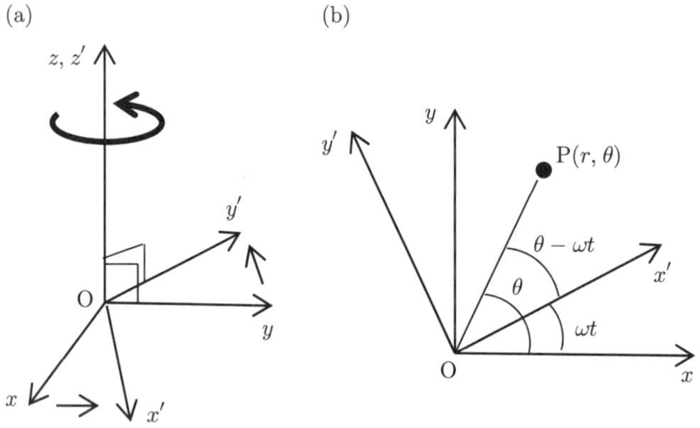


**図 10.5** (a) $z$ 軸のまわりの回転，(b) $xy$ 平面の回転座標系

まず，O 系と O′ 系の関係（座標変換）を求めよう．$xy$ 平面の点 P の座標を $(x, y)$ とするとき，2 次元極座標 $(r, \theta)$ との関係は

$$x = r\cos\theta \\ y = r\sin\theta \tag{10.16}$$

となる．図 10.5(b) に示すように，点 P の座標を $x'y'$ 座標系であらわすと，

$$x' = r\cos(\theta - \omega t) \\ y' = r\sin(\theta - \omega t) \tag{10.17}$$

となる．三角関数の加法定理 (付録:三角関数を参照) と (10.16) を用いると

$$x' = x\cos\omega t + y\sin\omega t \\ y' = -x\sin\omega t + y\cos\omega t \tag{10.18}$$

となり，$x', y'$ と $x, y$ の間の関係 (座標変換) が得られる．(10.18) から逆に $x, y$ を $x', y'$ であらわすと

$$
\begin{aligned}
x &= x'\cos\omega t - y'\sin\omega t \\
y &= x'\sin\omega t + y'\cos\omega t
\end{aligned}
\tag{10.19}
$$

となる．

行列を用いて回転による座標変換をあらわすと

$$
\begin{pmatrix} x' \\ y' \end{pmatrix} = \begin{pmatrix} \cos\omega t & \sin\omega t \\ -\sin\omega t & \cos\omega t \end{pmatrix}\begin{pmatrix} x \\ y \end{pmatrix}
$$

力 $\boldsymbol{F}$ の $x$ 成分と $y$ 成分についても，(10.17) と同様な関係が，O 系からみた力 $(F_x, F_y)$ と O$'$ 系からみた力 $(F_{x'}, F_{y'})$ の間に成り立ち，

$$
\begin{aligned}
F_{x'} &= F_x\cos\omega t + F_y\sin\omega t \\
F_{y'} &= -F_x\sin\omega t + F_y\cos\omega t
\end{aligned}
\tag{10.20}
$$

となる．たとえば，力 $\boldsymbol{F}$ が原点 O から点 P に向かうベクトルであるとすると，(10.20) と (10.18) が同じ変換になることが理解できるであろう．前節で述べた並進座標系の場合には，2 つの座標系は平行移動だけで関係づけられているので，力 $\boldsymbol{F}$ およびその成分は O 系でも O$'$ 系でも同じであったが，回転座標系では，$x', y'$ 軸と $x, y$ 軸は平行ではないので, 力 $\boldsymbol{F}$ は同じだが，その成分は座標系により異なるのである．

次に，回転座標系からみた運動を調べよう．まず，O 系の運動方程式の $x, y$ 成分は

$$
\begin{aligned}
m\ddot{x} &= F_x \\
m\ddot{y} &= F_y
\end{aligned}
\tag{10.21}
$$

である．O$'$ 系の運動を調べるためには，(10.21) の左辺の $\ddot{x}$ と $\ddot{y}$ を $x', \dot{x}', \ddot{x}'$, $y', \dot{y}', \ddot{y}'$ であらわした後，$F_x$ と $F_y$ を (10.20) の右辺に入れればよい．まず，(10.19) の両辺を時間で 1 回微分すると

$$
\begin{aligned}
\dot{x} &= \dot{x}'\cos\omega t - x'\omega\sin\omega t - \dot{y}'\sin\omega t - y'\omega\cos\omega t \\
\dot{y} &= \dot{x}'\sin\omega t + x'\omega\cos\omega t + \dot{y}'\cos\omega t - y'\omega\sin\omega t
\end{aligned}
\tag{10.22}
$$

さらにもう 1 回時間で微分すると

$$
\begin{aligned}
\ddot{x} &= (\ddot{x}' - 2\omega\dot{y}' - \omega^2 x')\cos\omega t - (\ddot{y}' + 2\omega\dot{x}' - \omega^2 y')\sin\omega t \\
\ddot{y} &= (\ddot{x}' - 2\omega\dot{y}' - \omega^2 x')\sin\omega t + (\ddot{y}' + 2\omega\dot{x}' - \omega^2 y')\cos\omega t
\end{aligned}
\tag{10.23}
$$

これらを (10.21) の左辺に代入し，得られた $F_x$ と $F_y$ を (10.20) の右辺に入れると

$$
\begin{aligned}
F_{x'} &= m\ddot{x}' - 2m\omega\dot{y}' - m\omega^2 x' \\
F_{y'} &= m\ddot{y}' + 2m\omega\dot{x}' - m\omega^2 y'
\end{aligned}
\tag{10.24}
$$

となるので，O$'$ 系における運動は

$$
\begin{aligned}
m\ddot{x}' &= F_{x'} + 2m\omega\dot{y}' + m\omega^2 x' \\
m\ddot{y}' &= F_{y'} - 2m\omega\dot{x}' + m\omega^2 y'
\end{aligned}
\tag{10.25}
$$

で記述される．式 (10.25) の右辺第 2 項と第 3 項は回転座標系に特有に現れる慣性力である．角速度ベクトル $\boldsymbol{\omega}$ および速度ベクトル $\boldsymbol{v'}$ を

$$\begin{aligned}\boldsymbol{\omega} &= (0, 0, \omega)\\ \boldsymbol{v}' = \dot{\boldsymbol{r}}' &= (\dot{x}', \dot{y}', \dot{z}')\end{aligned} \tag{10.26}$$

と定義すると，式 (10.25) の右辺第 2 項はまとめて

$$-2m\boldsymbol{\omega} \times \boldsymbol{v'} \tag{10.27}$$

ガスパール・ギュスターヴ・コリオリ (G.G.Coriolis,1792-1843, フランス)

と書ける．この慣性力は **コリオリ力** と呼ばれる力で，図 10.6 に示すように，質点が回転座標系において速度 $\boldsymbol{v'}$ で運動しているときに進行方向に垂直に右向きにはたらく．角速度ベクトル $\boldsymbol{\omega}$ は角速度の大きさをもち，回転すると右ねじの進む向きを向くベクトルである (図 2.12 参照).

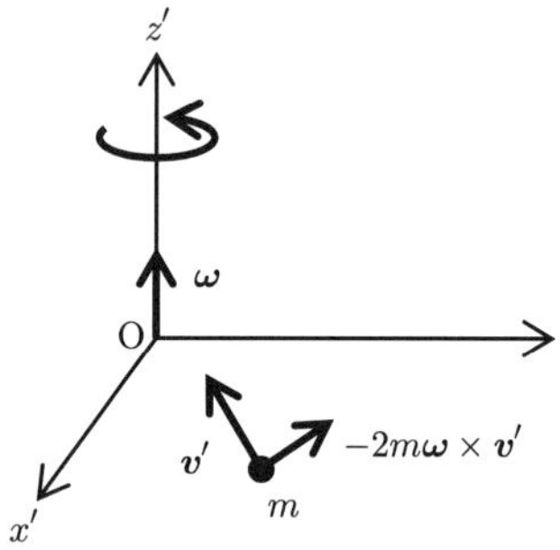


**図 10.6** コリオリ力は $\boldsymbol{v}'$ と $\boldsymbol{\omega}$ に垂直にはたらく

一方，式 (10.25) の右辺第 3 項は

$$m\omega^2\boldsymbol{r'} \tag{10.28}$$

と書ける．この慣性力は，**遠心力** とよばれ，図 10.7 に示すように回転軸に垂直で外向きにはたらく大きさ $m\omega^2 r'$ の力である．

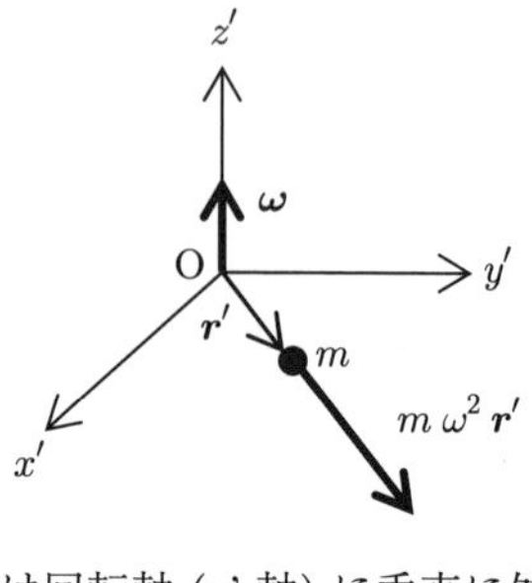


**図 10.7** 遠心力は回転軸 (z' 軸) に垂直に外向きにはたらく

コリオリ力は，回転座標系で速度 $\boldsymbol{v}'$ で運動している質点にのみはたらき，静止している質点にははたらかない．一方，遠心力は，質点が回転座標系で静止していてもはたらく．これらをまとめると，回転座標系からみた運動は

$$m\ddot{\boldsymbol{r}}' = \boldsymbol{F} - 2m\boldsymbol{\omega} \times \boldsymbol{v}' + m\omega^2 \boldsymbol{r}' \tag{10.29}$$

で記述される．つまり，静止座標系に対して一定の角速度で回転している座標系では，実際にはたらいている力のほかに，コリオリ力と遠心力という見かけの力がはたらいており，回転座標系は慣性系ではない．コリオリ力の式 (10.27) は，質点が運動する $x'y'$ 平面と角速度ベクトル $\boldsymbol{\omega}$ が垂直な場合に対して導かれたが，一般の場合にもそのまま成り立つ．遠心力の式 (10.28) は，一般の場合には，

$$-m\boldsymbol{\omega} \times (\boldsymbol{\omega} \times \boldsymbol{r}') \tag{10.30}$$

と書ける．式 (10.30) の導出は章末問題 10.7 を参照されたい．

## 10.3　地球表面付近における運動

本章の並進座標系の運動 (10.1 節) では，地球表面上での力学を考えるとき，地面に固定された座標系を静止座標系，すなわち慣性系とみなした．しかし，地球は自転しているので，厳密に言えば，地面に固定された座標系は回転座標系であり，非慣性系である．ここでは，地球の自転の影響がどのように現れるかについて，調べてみよう．

地球は北極と南極を貫く軸を回転軸として，西から東に 1 日 (24 時間 $\times$ 3600 秒/時間 $=$ 86,400 秒) を周期として回転している．したがって，地球の自転をあらわす角速度ベクトル $\boldsymbol{\omega}$ は一定で南極から北極に向くベクトルであり，その大きさは $\omega = 2\pi/86{,}400 \simeq 7.3 \times 10^{-5}\,\mathrm{rad/s}$ である．

一般に，図 10.8 に示すように，地球表面付近の物体にはたらく重力は，地球からの万有引力 $m\boldsymbol{g}_0$ と遠心力の合成されたものであり，$\boldsymbol{r} = \overrightarrow{\mathrm{OP}}$ とすると，

$$m\boldsymbol{g} = m\boldsymbol{g}_0 - m\boldsymbol{\omega} \times (\boldsymbol{\omega} \times \boldsymbol{r}) \tag{10.31}$$

である．したがって，重力の加速度は緯度により異なる向きと大きさをもち，北緯 $\theta$ 度では

$$g \simeq g_0 - \omega^2 R \cos^2\theta \tag{10.32}$$

となる (章末問題 10.5 参照)．ここで，地球の半径を $R$ とした．北極と南極では遠心力がはたらかない ($\cos\theta = 0$) ので重力は最大になる．赤道面では遠心力がちょうど地球の回転軸に垂直 ($\theta = 0$) で万有引力と反対向きになるので，赤道上では重力は最小になる．赤道面での地球の半径 $R = 6.4 \times 10^6\,\mathrm{m}$ を用いて，赤道面での遠心力の大きさと地球からの万有引力の大きさの比を計算すると

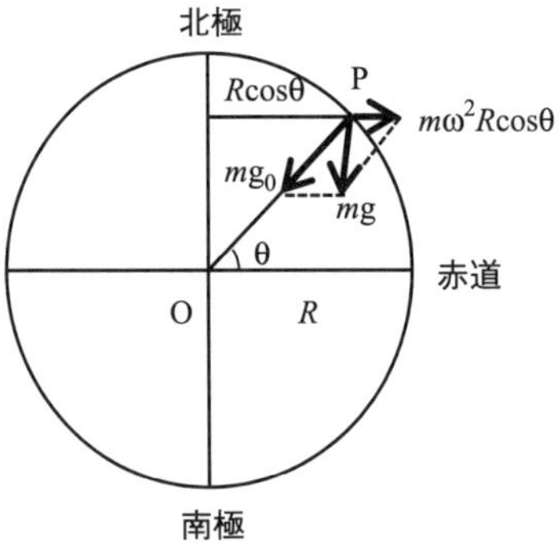


**図 10.8**　地球表面付近の重力は万有引力と遠心力の合力

$$\frac{mR\omega^2}{mg_0} = \frac{6.4 \times 10^6 \times (7.3 \times 10^{-5})^2}{9.8} = 0.0035 \qquad (10.33)$$

となる．すなわち，地球の自転による遠心力の影響は赤道付近で万有引力の大きさの約 0.35% である．図 10.8 では作図の都合上，遠心力を実際よりもかなり大きく書いてある．日本国内では，重力の加速度 $g$ の大きさは，札幌で $9.805\,\mathrm{m/s^2}$，鹿児島で $9.795\,\mathrm{m/s^2}$ であり，その差は $0.01\,\mathrm{m/s^2}$ (g の値の約 0.1%) である（付録の数値データ集を参照）．このように地球表面上の重力の加速度の大きさは緯度に依存するので，精密に物体の質量を測定する場合には，設置場所の緯度に応じて電子天秤を調整（キャリブレーション）する必要がある．

北緯 $\theta$ 度の地表付近で運動する質量 $m$ の質点を考えよう．質点の位置ベクトルを $\boldsymbol{r}$，速度を $\boldsymbol{v}$，質点にはたらく重力以外の力を $\boldsymbol{F}_0$ とすると，質点の運動は

$$m\ddot{\boldsymbol{r}} = m\boldsymbol{g} + \boldsymbol{F}_0 - 2m\boldsymbol{\omega} \times \boldsymbol{v} \qquad (10.34)$$

で記述される．遠心力は右辺第 1 項の重力に含めた (式 (10.31)) ので，右辺第 3 項にコリオリ力だけが表記されている．上で述べたように，厳密には遠心力のために $\boldsymbol{g}$ と $\boldsymbol{g}_0$ の方向はわずかにずれているが，今，簡単のため，$\boldsymbol{g}$ 方向を鉛直方向として，図 10.9 のように鉛直上向きに $z$ 軸，水平南向きに $x$ 軸，水平東向きに $y$ 軸を選ぶと，角速度ベクトル $\boldsymbol{\omega}$ の $x, y, z$ 成分はそれぞれ，$-\omega\cos\theta$，0，$\omega\sin\theta$ であるので，式 (10.34) の $x, y, z$ 成分は

赤道上では $\boldsymbol{g}$ と $\boldsymbol{g}_0$ は同じ方向

$$\begin{aligned} m\ddot{x} &= F_{0x} + 2m\omega\dot{y}\sin\theta \\ m\ddot{y} &= F_{0y} - 2m\omega(\dot{x}\sin\theta + \dot{z}\cos\theta) \\ m\ddot{z} &= -mg + F_{0z} + 2m\omega\dot{y}\cos\theta \end{aligned} \qquad (10.35)$$

と表せる．

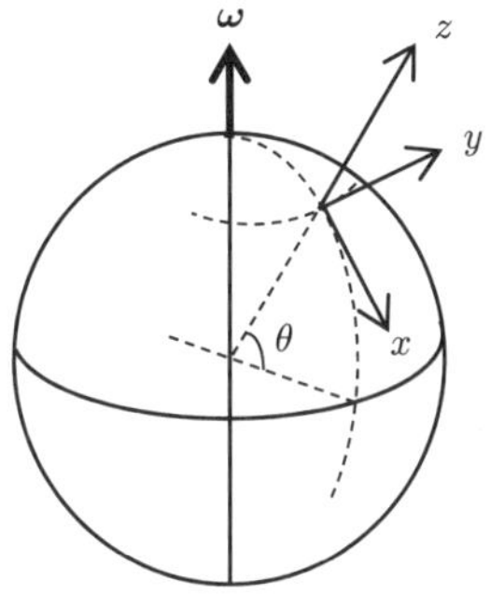


図 10.9 地球表面上の座標

**問 10.2** 上に示したように，赤道面での遠心力の大きさは万有引力の大きさの約 0.35%である．赤道面上で真東へ速さ $v'$ で運動する物体にはたらくコリオリ力が遠心力と同程度になるためにはどれくらいの速さが必要か求めよ．

### コラム: 台風はなぜ左巻きか

台風は熱帯性低気圧であり，台風の'目'を中心に北半球では左巻き（南半球では右巻き）の渦巻き状の雲が気象観測衛星の画像で見られる．では，なぜ台風は北半球ではいつも左巻きなのだろうか．それは，地球の自転によるコリオリ力に原因がある．台風は低気圧であるから，まわりから空気が台風の中心に向かって吹き込む．このとき，式 (10.34) より，吹き込む風にはつねに進行方向に対して左から右に向かって力がはたらく．そのために，図 10.10 のように左巻きの渦になる．実際の台風の場合には，単にコリオリ力だけではなく，空気と地球表面とのまさつ力などもあり，3 次元的な複雑な力がはたらいている．

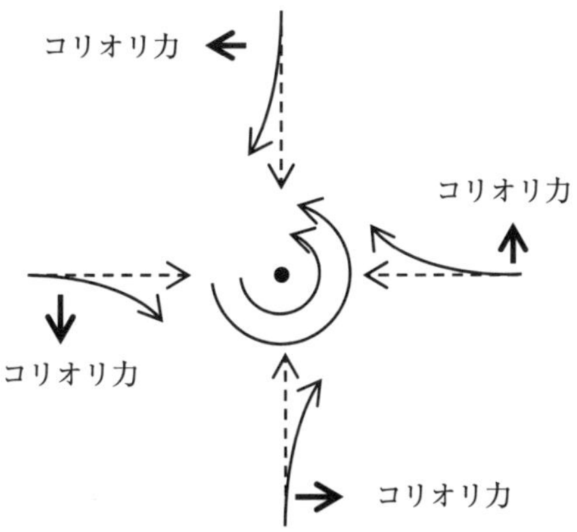


**図 10.10** 中心に向かう風は進行方向に対して右向きのコリオリ力を受ける

### 10.3.1 フーコーの振り子

ジャンベルナール・レオン・フーコー (J.B. L.Foucault,1819-1868, フランス)

コペルニクスの地動説を実証したフーコーの振り子の実験* は，地球上における実験により地球が自転していることを示したという意味で画期的なものである．今，単振り子が図 10.11 の $x$ 方向に微少振動しているとしよう．

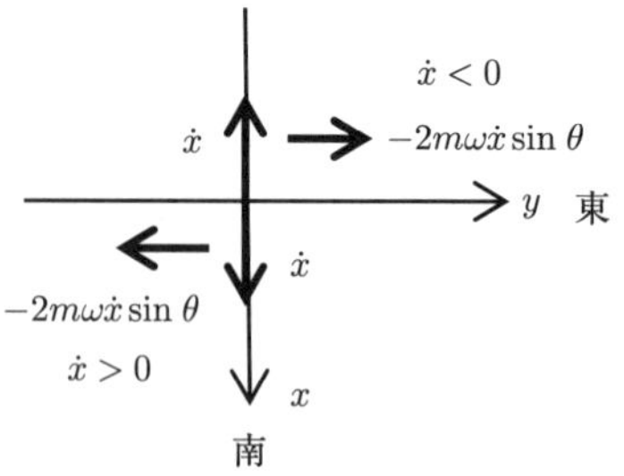


**図 10.11** 振り子の振動方向とコリオリ力の向き

すなわち，$\dot{y} = \dot{z} = 0$ で $\dot{x}$ のみ考えると，式 (10.35) より，コリオリ力は $y$ 方向にのみはたらく．コリオリ力 $-2m\omega\dot{x}\sin\theta$ は質点が $x$ 軸の正の向き，すなわち，南向きに運動するときは $y$ 軸の負の向きにはたらき，質点が $x$ 軸の負の向き，すなわち，北向きに運動するときは $y$ 軸の正の向きにはたらく．したがって，振り子の振動面が図 10.12 のように少しずつ時計回りにずれていく．この振動面が時計回りで 1 周するのに要する時間（周期）$T$ は，北緯 $\theta$ 度で $T = 24/\sin\theta$ [時間] であり，フーコーが 1851 年に公開実験をおこなったパリ

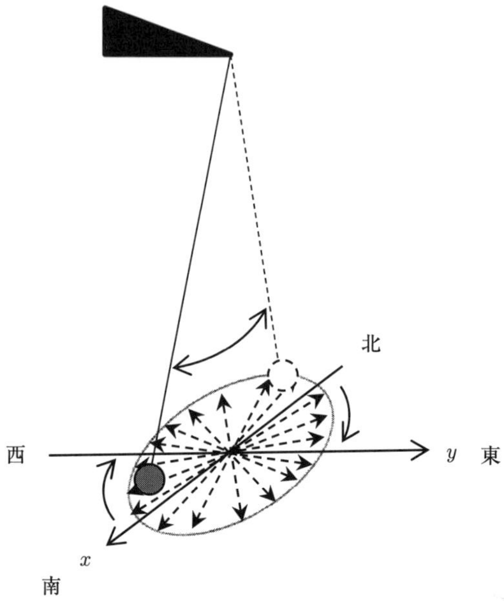


**図 10.12** 振り子の振動面は時計回りにずれていく

の北緯 49 $(=\theta)$ 度では 32 時間である．このように地球の自転のために振動面が回転する振り子をフーコーの振り子という．

## 章末問題 10

**10.1** エレベーターに乗っている人は，次のそれぞれの場合にどのような慣性力を感じるか．
(a) 一定の速度で上昇または下降するとき
(b) 速度を増加（減少）しながら上昇するとき
(c) 速度を増加（減少）しながら下降するとき

**10.2** 北半球にある地上の高い塔から物体を落下させる場合を考える．地球が自転しているので，地表は近似的に一定の速度で西から東へ水平に動いていると考えることにする．このとき，コリオリ力を無視すると，塔から落下した物体は塔の真下に落ちるが，コリオリ力を考慮するとわずかに東にずれることを説明せよ．

**10.3** 一定の加速度（大きさ $a>0$）で上昇するエレベーター内の単振り子の周期は静止している場合と比べてどう変化するか．

**10.4** 南半球で台風が発生したとして，台風の目付近の風の向きを調べよ．

**10.5** 地表付近の重力の加速度は緯度に依存する．北緯 $\theta$ の地点における重力の加速度が式 (10.32) となることを示せ．
ヒント：図 10.8 を参照して $g$ を余弦定理を使って求めたのち，遠心力が重力加速度に比べずっと小さいことを利用して近似値を導く．

**10.6** 式 (10.35) を導け．

**10.7** 式 (10.30) を導け．

# 11 おわりに

## 11.1 まとめ

本書で順を追って説かれているように，力学は物体にはたらく力をもとに物体の運動を記述するために構築された理論体系である．

まず，物体の運動や力を定量的に表現するために必要な数学として，大きさと向きを合わせもつ量であるベクトルを導入した．座標系や位置ベクトルを使って物体の位置を表し，物体の運動状態を表す速度や加速度と位置ベクトルとの関係を表現するため，微分という概念が生み出された．この**運動学**をもとに，物体に力がはたらくとき，物体にどのような運動が引き起こされるかを記述する**運動の法則**が明らかにされ，ニュートンによって力学が体系化された．そこでは，大きさをもつ物体のかわりに大きさを持たない点の運動を考え，その点に質量の性質を持たせた**質点**という理想化した物体を考えた．この大胆な理想化にもかかわらず，この理論体系は，天体は言うに及ばず，あらゆる物体の運動を記述することに成功した．例えば，フックの法則に従うバネにつながった物体の運動の最も単純なものは**単振動**と呼ばれ，これが振り子などの力学的な物理系のみならず，交流回路などの電気的な物理系でも観測される振動運動の基本である．さらに，強制振動における**共振**は，携帯電話などで受信した電波を増幅する際などに利用される重要な現象である．

つぎに微分をつかって表現されている運動方程式から，**運動量保存則**や**力学的エネルギー保存則**などの法則が導かれることを学んだ．特に，物体にはたらく力のする仕事が経路によらずに始点と終点の位置のみで決まるとき，**ポテンシャルエネルギー**という物理量を用いてこの力を表現できる．このような力を**保存力**とよび，保存力（となめらかな束縛力）のみがはたらく運動では力学的エネルギー保存則が成立することを知った．

さて，ニュートンは，惑星の運動に関するケプラーの3法則を説明するために力学の体系を構築した．惑星の規則的な周回運動には**角運動量保存則**が関わっている．この歴史的にも重要な惑星の運動に関連して**二体問題**を学んだ．

以上は，大きさをもたない質点の力学であるが，実際には物体には大きさがある．この大きさのある物体の運動を議論するための手始めとして，$n$ 個の質点からなる質点系の運動について考察した．まず質点系の**重心**を定義した．重心に質点系の全質量をもつ1つの質点があり，この仮想的な質点に外力の合力がはたらいていると考えると，重心の運動が記述できることを学んだ．これは質点系の運動が，重心運動と個々の質点の相対運動に分離して記述できることを示している．ここで，相対運動を記述する基礎方程式として，質点系の全角運動量を定義して，全角運動量の時間発展を表す運動方程式を導いた．次に，大きさを有する物体のうち最も簡単なものとして，全く変形しない理想的に硬い物体である **剛体** の運動を調べた．この際，有限の大きさの物体をそれぞれの微小要素が質点とみなせるまで細かく分割して，質点系の力学で導かれた結果を適用した．固定された回転軸のまわりの剛体の回転運動を調べることにより，典型的な形をした剛体の重心を通る回転軸の回りの**慣性モーメント**を計算した．

ニュートンの運動方程式は，静止または等速直線運動する座標系（**慣性座標系**）で成立する．ガリレオの相対性理論を適用すれば，慣性座標系では運動方程式が同じ形になることが導かれる．しかし加速度運動する電車の中の物体の運動を記述したいとき，ニュートンの運動方程式はそのままでは使えない．このような場合は，**慣性力**とよばれる力を加えることにより，形式的に運動方程式を使った記述が可能になる．地球は自転しているので，地上に固定した座標系も厳密には慣性座標系ではない．このような回転座標系で物体の運動を記述するためには，**遠心力**や**コリオリ力**のような慣性力が必要であることを学んだ．

最後にニュートン以降の自然観について簡単に述べる．力学による自然観は，神の存在と人間の生き方に大きな影響を与えた．ニュートン力学によると，初期値を与えればその後の物体の運動が完全に決定される．これを人間に適用すると，人間は自覚しないだけで，その運命が決定されていることになる．初期値を与える役割を担う万能の神の存在が，ニュートン力学によって確固たるものとなったのである．しかし，この人間機械論と呼ばれる考え方は長く続かず，万能と思われた力学も修正せざるを得ない事態に直面する．

## 11.2 20世紀以後の物理学

ニュートンが力学を体系化した後，力学の範囲では扱うことができない自然現象についても理解が深まり，電磁気学や熱力学，統計力学など物理学の体系が徐々に整備されていった．産業革命の後，科学技術の進歩は目覚ましく，人類は原子や分子のようなミクロな世界を対象とするようになった．19世紀の物理学者は，原子や分子の運動に対してもニュートン力学を適用して，それに関連した物理現象を説明しようと試み，それは成功するかに見えた．

しかし 19 世紀末には，黒体輻射におけるスペクトル，低温における固体の比熱，光電効果など，次々とニュートン力学では説明できない現象が明らかにされた．このようなミクロな世界の運動を記述する指導原理が探索され，見出された原理は日常の感覚からは，かけ離れたものあった．20 世紀前半に新しく構築された**量子力学**によれば，電子や光は，あるときは粒子にみえ，あるときは波に見える（粒子・波動二重性）．その結果，粒子の位置と運動量を同時に正確に決定することができない（不確定性原理）．また，現象が決定論的でなく確率的に出現する（確率解釈）．これらはアリストテレス以来の既成概念では，到底理解することができない．しかし，この摩訶不思議な考えが，現代のエレクトロニクスを中心とする科学技術を推し進めてきた．今ではほとんどの人が所持する携帯電話も，量子力学の恩恵なくして手にすることは決してなかったであろう．その量子力学自身も実は完成されたものでなく，今も日々進化し続けている．もっと言えば古代から脈々と続く人類の自然探究の精神が，このような進化を持続させているのである．人類が英知を結集して獲得した自然観をもとに，現代の我々は歩み続けている．

実際，現在においても液体や気体の中の原子や分子の運動をコンピュータを用いて再現する際には，ニュートンの運動方程式が使われている．これは，原子や分子が運動する速さが，電子に比べて非常に遅いことによる．

新しい学問体系や自然観を学ぶ上で，本書で学んだ力学の大系が大いに役立つことを執筆者一同は切に願っている．

# 演習問題解答

## 第2章

**問 2.1**

$$\begin{cases} r = \sqrt{x^2+y^2} \\ \varphi = \arctan \dfrac{y}{x} \end{cases}$$

**問 2.2**

$$\begin{cases} r = \sqrt{x^2+y^2+z^2} \\ \theta = \arccos \dfrac{z}{\sqrt{x^2+y^2+z^2}} \quad \text{または} \quad \theta = \arctan \dfrac{\sqrt{x^2+y^2}}{z} \\ \varphi = \arctan \dfrac{y}{x} \end{cases}$$

**問 2.3**

$$dV = \rho\, d\rho d\varphi dz$$

**問 2.4** $|\boldsymbol{e}_x \times \boldsymbol{e}_y| = |\boldsymbol{e}_x|\,|\boldsymbol{e}_y| \sin \dfrac{\pi}{2} = 1$ より，$\boldsymbol{e}_x \times \boldsymbol{e}_y$ の大きさは 1．$\boldsymbol{e}_x \times \boldsymbol{e}_y$ の向きは $z$ の正の向きだから，$\boldsymbol{e}_x \times \boldsymbol{e}_y$ は $\boldsymbol{e}_z$ に一致する．$\boldsymbol{e}_y \times \boldsymbol{e}_z = \boldsymbol{e}_x$，$\boldsymbol{e}_z \times \boldsymbol{e}_x = \boldsymbol{e}_y$ についても同様に示すことができる．

**問 2.5**

$$\boldsymbol{e}_x \times \boldsymbol{e}_y = \begin{vmatrix} \boldsymbol{e}_x & \boldsymbol{e}_y & \boldsymbol{e}_z \\ 1 & 0 & 0 \\ 0 & 1 & 0 \end{vmatrix} = (0-0)\,\boldsymbol{e}_x + (0-0)\,\boldsymbol{e}_y + (1-0)\,\boldsymbol{e}_z = \boldsymbol{e}_z$$

$\boldsymbol{e}_y \times \boldsymbol{e}_z$，$\boldsymbol{e}_z \times \boldsymbol{e}_x$ についても同様．

## 章末問題 2

**2.1** $(2,\, \pi/3)$

**2.2** $(4,\, 5\pi/6,\, 3\pi/4)$

**2.3** $(-3\sqrt{3}/2,\, -3/2,\, 2)$

**2.4** $5\ \mathrm{m/s^2}$

**2.5** 速度：$\dot{x} = 1 - \cos t$，$\dot{y} = \sin t$，加速度：$\ddot{x} = \sin t$，$\ddot{y} = \cos t$，
速さ $v = \sqrt{2(1-\cos t)}$，加速度の大きさ $a = \sqrt{\ddot{x}^2 + \ddot{y}^2} = 1$．

**2.6** 速度：$\dot{x} = \dfrac{1}{2}(e^t - e^{-t})$，$\dot{y} = \frac{1}{2}(e^t + e^{-t})$，加速度：$\ddot{x} = \frac{1}{2}(e^t + e^{-t})$，$\ddot{y} = \frac{1}{2}(e^t - e^{-t})$，
速さ $v = \sqrt{\frac{1}{2}(e^{2t} + e^{-2t})}$，加速度の大きさ $a = \sqrt{\frac{1}{2}(e^{2t} + e^{-2t})}$．

**2.7** $\boldsymbol{A} = (A_x,\, A_y,\, A_z)$，$\boldsymbol{B} = (B_x,\, B_y,\, B_z)$，$\boldsymbol{C} = (C_x,\, C_y,\, C_z)$ とする．

$$\boldsymbol{A} \times (\boldsymbol{B} \times \boldsymbol{C}) = \begin{vmatrix} \boldsymbol{e}_x & \boldsymbol{e}_y & \boldsymbol{e}_z \\ A_x & A_y & A_z \\ B_yC_z - B_zC_y & B_zC_x - B_xC_z & B_xC_y - B_yC_x \end{vmatrix}$$

$\boldsymbol{A}\times(\boldsymbol{B}\times\boldsymbol{C})$ の $x$ 成分を計算すると，

$$\begin{aligned}(\boldsymbol{A}\times(\boldsymbol{B}\times\boldsymbol{C}))_x &= A_y\left(B_xC_y - B_yC_x\right) - A_z\left(B_zC_x - B_xC_z\right)\\ &= B_x\left(A_yC_y + A_zC_z\right) - C_x\left(A_yB_y + A_zB_z\right)\\ &= B_x\left(A_xC_x + A_yC_y + A_zC_z\right) - C_x\left(A_xB_x + A_yB_y + A_zB_z\right)\\ &= B_x(\boldsymbol{A}\cdot\boldsymbol{C}) - C_x(\boldsymbol{A}\cdot\boldsymbol{B})\end{aligned}$$

は右辺の $x$ 成分 $(\boldsymbol{B}(\boldsymbol{A}\cdot\boldsymbol{C}) - \boldsymbol{C}(\boldsymbol{A}\cdot\boldsymbol{B}))_x$ である．$y$ 成分，$z$ 成分についても同様にして示すことができる．

**2.8** 図 A.1 のように $\boldsymbol{A}$，$\boldsymbol{B}$，$\boldsymbol{C}$ で作られる平行 6 面体を考える．$|\boldsymbol{A}\times\boldsymbol{B}|$ は $\boldsymbol{A}$，$\boldsymbol{B}$ の作る平行 4 辺形の面積に等しい．$(\boldsymbol{A}\times\boldsymbol{B})$ 方向の単位ベクトルと $\boldsymbol{C}$ とのスカラー積は $\boldsymbol{A}$，$\boldsymbol{B}$ の作る平行 4 辺形を底面に取ったときの平行 6 面体の高さに等しいから，$(\boldsymbol{A}\times\boldsymbol{B})\cdot\boldsymbol{C}$ は平行 6 面体の体積に等しいことがわかる．$(\boldsymbol{B}\times\boldsymbol{C})\cdot\boldsymbol{A}$ も $(\boldsymbol{C}\times\boldsymbol{A})\cdot\boldsymbol{B}$ も同じ平行 6 面体の体積を与える式であるから等号が成立する．

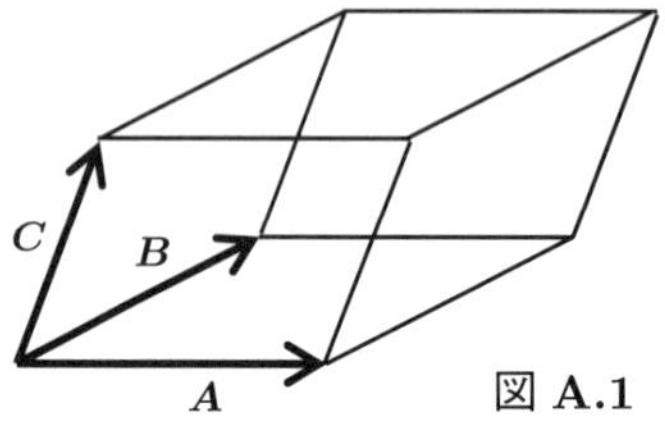

図 **A.1**

## 第 3 章

**問 3.1** $t = x/(v_0\cos\theta)$.

$$\begin{aligned}y &= -\frac{1}{2}gt^2 + (v_0\sin\theta)t = -\frac{1}{2}g\left\{x/(v_0\cos\theta)\right\}^2 + (v_0\sin\theta)x/(v_0\cos\theta)\\ &= -\frac{g}{2v_0^2\cos^2\theta}\,x^2 + x\,\tan\theta\end{aligned}$$

**問 3.2** $h = v_0^2\sin^2\theta/(2g)$．$t_h = v_0\sin\theta/g$

**問 3.3** $-\boldsymbol{T}$ を糸の端に書く．その大きさ $T = mg$ である．

**問 3.4** 加速度の大きさが $f/m$ の等加速度直線運動.

**問 3.5** 運動方程式は $\ddot{x} = g\sin\theta$ であるから，時刻 $t = 0$ のときの速度を $v_0$，位置を $x_0$ とすると，

$v(t) = gt\sin\theta + v_0$，$x(t) = \dfrac{1}{2}gt^2\sin\theta + v_0\,t + x_0$.

**問 3.6** $\ddot{x} = 0$ となるのは，動まさつ力と重力の斜面に平行な成分がちょうどつりあったときで初速度が与えられれば等速直線運動をする．$\ddot{x}$ が正のときは斜面を加速しながら滑り降り，$\ddot{x}$ が負のときは減速していつかは斜面上に止まる．

## 章末問題 3

**3.1** $-F_1\cos 45^\circ + \cos 45^\circ = 0$ より

$$F_1 = F_2,\ F_1\sin 45^\circ + F_2\sin 45^\circ = 2F_1\sin 45^\circ = 1.414F_1 = 10.$$

したがって，$F_1 = F_2 = 7.07$ N．$-F_3\cos 60^\circ + F_4\cos 30^\circ = 0$ より

$$F_3 = 1.732F_4,\ F_3\sin 60^\circ + F_4\sin 30^\circ = 1.499F_4 + 0.5F_4 = 2.0F_4 = 10.$$

したがって，$F_4 = 5.0$ N．$F_3 = 8.66$ N.

**3.2** (a) $m\ddot{y} = -mg$, (b) $\dot{y} = -gt + v_0$. $y = -\dfrac{1}{2}gt^2 + v_0 t$. したがって $y = 0$ となるのは $t = 0, 2v_0/g$ だから，$t = 2v_0/g$. $v = \dot{y} = -g(2v_0)/g + v_0 = -v_0$.

**3.3** おもりにはたらく張力を $\boldsymbol{T}$ とする．$\boldsymbol{T}$ と重力の $\boldsymbol{T}$ 方向の成分 $mg\cos\theta$ がつりあう．したがって $\boldsymbol{T}$ と重力の合力の大きさは $mg\sin\theta$，向きは張力に垂直方向でおもりの最下点向き．

**3.4** 重力の斜面方向の成分の大きさは，$40 \times 9.8 \times \sin 10^\circ \approx 68.1$ N．垂直抗力の大きさは，重力の斜面に垂直な成分と等しいので，$40 \times 9.8 \times \cos 10^\circ \approx 386.0$ N．よってまさつ力の大きさは，$0.2 \times 386.0 = 77.2$. よって押し上げるためには，145.3 N 以上の力が必要.

**3.5** (a) $x = v_0 t$，$y = \dfrac{1}{2}gt^2 = 4.9\,(x/v_0)^2$.

(b) 中心角 $\theta = \arctan\,(10\ \text{km}/6400\ \text{km}) \approx 0.08952$．落下距離は $6400 \times 10^3(1 - \cos\theta) \approx 7.811$ m.

(c) $v_0 = \sqrt{4.9 \times 10000^2/7.811} \approx 7920$ m/s $= 7.92$ km/s．$v_0$ を第 1 宇宙速度という．

**3.6** (a) $m\ddot{x} = -mg - m\gamma\dot{x}$. (b) $v(t) = (v_0 + \dfrac{g}{\gamma})\,e^{-\gamma t} - \dfrac{g}{\gamma}$. (c) 終速度 $-\dfrac{g}{\gamma}$ で落下する．

**3.7** (a) $x$ 方向：$m\ddot{x} = 0$，$y$ 方向：$m\ddot{y} = -mg$.

(b) $x = v_0 t\,\cos\alpha$，$y = -\dfrac{1}{2}gt^2 + v_0 t\,\sin\alpha$．よって，$y = -\dfrac{1}{2}g\left(\dfrac{x}{v_0\,\cos\alpha}\right)^2 + x\,\tan\alpha$.

(c) $x = 4$，$y = 1$ を代入して，$\dfrac{1}{\cos^2\alpha} = \tan^2\alpha + 1$ を使うと，

$$8g\tan^2\alpha - 4v_0^2\tan\alpha + 8g + v_0^2 = 0$$

(d) $\tan\alpha$ が重解をもつ条件から，

$$v_0^2 = (1 + \sqrt{17})g,\ \tan\alpha = \frac{1 + \sqrt{17}}{4}.$$

よって，$\alpha = 52^\circ$．$v_0 = 7.1$ m/s.

**3.8** (a) $m\ddot{y} = mg - m\gamma\dot{y}^2$.

(b) $\dot{y} = v$ とおくと運動方程式は，$\dot{v} = g - \gamma v^2$．終速度 $v = v_\infty$（定数）とおいてこのに代入すると，$0 = g - \gamma v_\infty^2$ より，$v_\infty = \sqrt{g/\gamma}$.

(c) $v$ に関する運動方程式を変数分離系 $\left(\dfrac{1}{g - \gamma v^2}\right)\left(\dfrac{dv}{dt}\right) = 1$ にして両辺を $t$ で積分すると，

$$\int \left(\frac{1}{g - \gamma v^2}\right) dv = \int dt.$$

左辺の被積分関数を

$$\frac{1}{(\sqrt{g} + \sqrt{\gamma}v)(\sqrt{g} - \sqrt{\gamma}v)} = \frac{1}{2\sqrt{g}}\left\{\frac{1}{\sqrt{g} + \sqrt{\gamma}v} + \frac{1}{\sqrt{g} - \sqrt{\gamma}v}\right\}$$

と変形して両辺の積分を実行すると，

$$\frac{1}{2\sqrt{g\gamma}}\left\{log_e(\sqrt{g} + \sqrt{\gamma}v) - log_e|\sqrt{g} - \sqrt{\gamma}v|\right\} = t + C \quad (C\ \text{は任意定数}).$$

ここで $t = 0$，$v = 0$ を代入すると $C = 0$．したがって

$$\frac{\sqrt{g} + \sqrt{\gamma}v}{\sqrt{g} - \sqrt{\gamma}v} = e^{2\sqrt{g\gamma}t}$$

だから（絶対値をはずす際に $0 \le v < v_\infty$ を使った），

$$v = \sqrt{\frac{g}{\gamma}}\,\frac{e^{2\sqrt{g\gamma}t} - 1}{e^{2\sqrt{g\gamma}t} + 1} = \sqrt{\frac{g}{\gamma}}\,\frac{e^{\sqrt{g\gamma}t} - e^{-\sqrt{g\gamma}t}}{e^{\sqrt{g\gamma}t} + e^{-\sqrt{g\gamma}t}} = \sqrt{\frac{g}{\gamma}}\,\tanh\left(e^{\sqrt{g\gamma}t}\right)$$

## 第4章

**問 4.1** 単振動の変位を $x = A\cos(\omega t + \alpha)$ と表すと，速度は

$$v = \dot{x} = -A\omega\sin(\omega t + \alpha) = A\omega\cos(\omega t + \alpha + \pi/2)$$

となる．これから，$v$ は $x$ と同じ角振動数で単振動し，その位相は $x$ よりも $\pi/2$ だけ進んでいることがわかる．

**問 4.2** 初期条件は，$A\cos\alpha = x_0$, $A\sin\alpha = -v_0/\omega$ と表せる．

$$\therefore\ A = \sqrt{x_0^2 + v_0^2/\omega^2}, \quad \tan\alpha = -v_0/\omega x_0$$

**問 4.3** 運動方程式 (4.12)に

$$\ddot{\boldsymbol{r}} = l\ddot{\boldsymbol{e}}_r = l(-\dot{\varphi}^2\boldsymbol{e}_r + \ddot{\varphi}\,\boldsymbol{e}_\varphi), \quad \boldsymbol{e}_x = \cos\varphi\,\boldsymbol{e}_r - \sin\varphi\,\boldsymbol{e}_\varphi$$

代入すると，

$$ml(-\dot{\varphi}^2\boldsymbol{e}_r + \ddot{\varphi}\,\boldsymbol{e}_\varphi) = mg(\cos\varphi\,\boldsymbol{e}_r - \sin\varphi\,\boldsymbol{e}_\varphi) - S\boldsymbol{e}_r$$

となる．これから直ちに式 (4.13)と (4.14)が得られる．

**問 4.4** 強制振動の振幅は

$$B = \frac{f_0}{\sqrt{[\omega^2 - (\omega_0^2 - 2\gamma^2)]^2 + 4\gamma^2(\omega_0^2 - \gamma^2)}}$$

と書ける．

• $\gamma < \omega_0/\sqrt{2}$ のとき，$\omega_0^2 - 2\gamma^2 > 0$ なので，$B$ の分母は $\omega^2 = \omega_0^2 - 2\gamma^2$ で最小値をとる．したがって，$B$ は $\omega = \sqrt{\omega_0^2 - 2\gamma^2}$ で最大になる．

• $\gamma \geq \omega_0/\sqrt{2}$ のとき，$B$ の分母は $\omega$ とともに単調に増加するので，$B$ は $\omega$ の単調減少関数である．

## 章末問題 4

**4.1** おもりの質量を $m$，バネの自然長を $l_0$，バネ定数を $k$ とする．おもりがつり合いの状態にあるときのバネの長さを $l$ とすれば，$k(l - l_0) = mg$ が成り立つ．このつり合いの位置からおもりが下向きに $x$ だけ変位したとき，おもりにはたらく力は，下向きを正として，$-k(l + x - l_0) + mg = -kx$ と計算される．したがって，おもりの運動方程式は $m\ddot{x} = -kx$ であり，これは角振動数 $\omega = \sqrt{k/m}$ の単振動を表す．この運動は，バネにつけたおもりをなめらかな水平面上で振動させた場合と同じである．

**4.2** (1) 初期条件

$$x(0) = A\cos\alpha + \frac{f_0}{\omega_0^2 - \omega^2} = 0, \quad \dot{x}(0) = -\omega_0 A\sin\alpha = 0$$

から，任意定数が $\alpha = 0$, $A = -f_0/(\omega_0^2 - \omega^2)$ と決まる．したがって，求める特解は，

$$x(t) = \frac{f_0}{\omega_0^2 - \omega^2}(\cos\omega t - \cos\omega_0 t)$$

(2) 上の特解は次のように変形できる：

$$x(t) = \frac{f_0}{\omega_0^2 - \omega^2} \times 2\sin\left(\frac{\omega_0 - \omega}{2}t\right)\sin\left(\frac{\omega_0 + \omega}{2}t\right) = \frac{f_0}{\omega_0 + \omega}\,\frac{\sin\left(\frac{\omega_0 - \omega}{2}t\right)}{\frac{\omega_0 - \omega}{2}}\sin\left(\frac{\omega_0 + \omega}{2}t\right)$$

$\omega \to \omega_0$ の極限をとると（$\displaystyle\lim_{\theta\to 0}\frac{\sin\theta}{\theta}=1$ に注意），

$$x(t) \xrightarrow{\omega\to\omega_0} \frac{f_0}{2\omega_0}t\sin\omega_0 t$$

となる．共鳴条件 $\omega=\omega_0$ が満たされるとき，振動の振幅が時間 $t$ に比例して増大し発散することがわかる．

**4.3** 質点の質量を $m$ とすると，運動方程式は $m\ddot{\boldsymbol{r}}=-k\boldsymbol{r}$ であるが，これを $x$, $y$ 成分に分けると，$m\ddot{x}=-kx$, $m\ddot{y}=-ky$ となる．したがって，一般解は，$\omega=\sqrt{k/m}$ として，

$$x(t)=A\cos(\omega t+\alpha),\quad y(t)=B\cos(\omega t+\beta)$$

と書ける．初期条件

$$\begin{aligned} x(0)&=A\cos\alpha=a, & y(0)&=B\cos\beta=0\\ \dot{x}(0)&=-\omega A\sin\alpha=0, & \dot{y}(0)&=-\omega B\sin\beta=v_0 \end{aligned}$$

を満たすように任意定数を決めると，$\alpha=0$, $A=a$, $\beta=\pi/2$, $B=-v_0/\omega$．よって，

$$x(t)=a\cos\omega t,\quad y(t)=\frac{v_0}{\omega}\sin\omega t$$

これらから時間 $t$ を消去すると，

$$\frac{x^2}{a^2}+\frac{y^2}{(v_0/\omega)^2}=1$$

となり，質点の軌跡は楕円になることがわかる．

**4.4** (1) おもりの質量を $m$，バネの自然長を $l$，バネ定数を $k$ とする．図 A.2 のように下向きに $x$ 軸をとると，バネの長さは $x-a\cos\omega t$ と表されるので，運動方程式は，

$$\begin{aligned} m\ddot{x}&=-k(x-a\cos\omega t-l)+mg\\ &=-k(x-l-mg/k)+ka\cos\omega t \end{aligned}$$

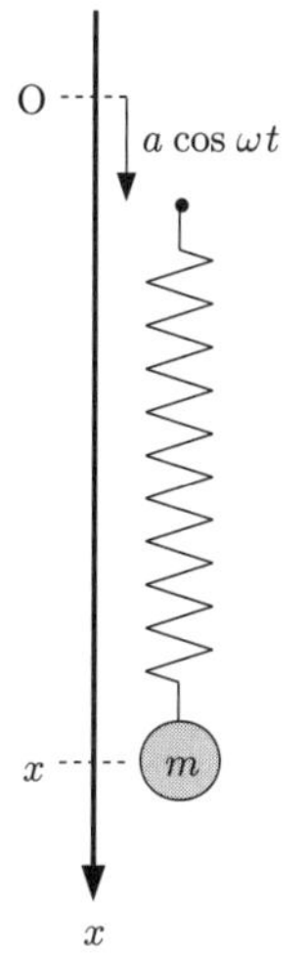


**図 A.2** バネで吊るされたおもりの強制振動

書ける．$z = x - l - mg/k$ とおくと，

$$m\ddot{z} = -kz + ka\cos\omega t$$

これは強制振動の運動方程式 (4.47)と同形である．

(2) おもりの質量を $m$，糸の長さを $l$ とする．図 A.3 のように $x, y$ 軸をとり，糸の張力の大きさを $S$，糸の振れ角を $\varphi$ として，運動方程式を成分に分けて書くと，

$$m\ddot{x} = mg - S\cos\varphi, \quad m\ddot{y} = -S\sin\varphi$$

これらから $S$ を消去して，$m(\ddot{x}\sin\varphi - \ddot{y}\cos\varphi) = mg\sin\varphi$．微小振動（$\varphi \ll 1$）の場合は，$\sin\varphi \simeq \varphi$, $\cos\varphi \simeq 1$ としてよいので，

$$m(\ddot{x}\varphi - \ddot{y}) = mg\varphi$$

図からわかるように，おもりの $x, y$ 座標は

$$x = l\cos\varphi \simeq l, \quad y = a\cos\omega t + l\sin\varphi \simeq a\cos\omega t + l\varphi$$

と表せる．よって，$\ddot{x} = 0, \ddot{y} = -a\omega^2\cos\omega t + l\ddot{\varphi}$ となるので，おもりの微小振動は

$$l\ddot{\varphi} = -g\varphi + a\omega^2\cos\omega t$$

によって記述される．これは強制振動の運動方程式 (4.47)と同形である．

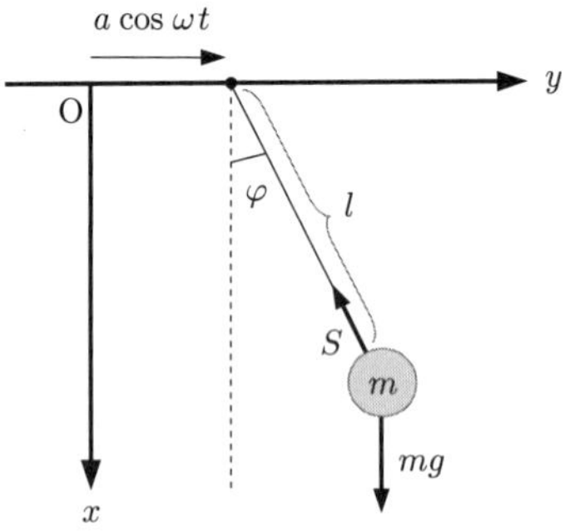


**図 A.3** 糸に吊るされたおもりの強制振動

**4.5** コンデンサーに蓄えられている電荷を $Q$ とすると，その極板間の電位差は $Q/C$ であるから，

$$L\frac{dI}{dt} + RI + \frac{Q}{C} = V_0\sin\omega t$$

が成り立つ．これを時間 $t$ で微分して，$I = dQ/dt$ の関係を使うと，

$$L\frac{d^2I}{dt^2} + R\frac{dI}{dt} + \frac{1}{C}I = \omega V_0\cos\omega t$$

これは減衰があるときの強制振動の運動方程式 (4.55)と同形の微分方程式である．

## 第 5 章

**問 5.1** 1.98 kgm/s

**問 5.2** (重力による力積)/(全力積)=$4.9\times10^{-3}$

## 章末問題 5

**5.1** (1) 外の観測者から見た噴射燃料の速度は $v-u$ であることに注意して，ロケットと噴射燃料の全運動量に関する運動量保存則を書くと，$Mv=(M+dM)(v+dv)+(-dM)(v-u)$. この式の 2 次の微小量を無視して，

$$Mdv+udM=0$$

が導かれる．

(2) 上の関係式を $dv$ で割ると，微分方程式

$$\frac{dM}{dv}=-\frac{1}{u}M$$

が得られる．この方程式の一般解は $M=Ce^{-v/u}$（$C$ は定数）である．$v=v_0$ のとき，$M=M_0$ とすると，$M=M_0e^{-(v-v_0)/u}$.

**5.2** (a) 大きさが $L=lmv$ で，向きは円に垂直で右ネジの進む向き．

(b) 向きは円の接線方向で，大きさはそれぞれ，$2v, 3v, 4v....$

**5.3** (a) 大きさは $L=bmv_0$，向きは位置ベクトルと速度ベクトルの外積の向き．

(b) 最も近づく点で隕石の位置ベクトルと速度ベクトルは直交する．角運動量は変化しないので，その点までの距離 $r$ とその点での速さ $v$ は $rv=bv_0$ である．

## 章末問題 6

**6.1** 図 6.10 に示すように，円周区間を $n$ 分割して $i$ 番目の区間に物体があるときの位置を $(a, \varphi_i)$ とする．重力 $m\boldsymbol{g}$ と変位ベクトル $\Delta\boldsymbol{r}_i$ のなす角は，$\pi-\varphi_i$ であるから，$i$ 番目の微小区間の間に重力がする仕事は，$\Delta W_i=m\boldsymbol{g}\cdot\Delta\boldsymbol{r}_i=mg\Delta r_i\cos(\pi-\varphi_i)$. 円周上の微小区間は $a\Delta\varphi_i$ と書けるので，$\Delta r_i\approx a\Delta\varphi_i$. 従って，A から B までで重力のする仕事 $W$ は，

$$\begin{aligned}W&=\lim_{n\to\infty}\sum_{i=1}^{n}\Delta W_i=\lim_{n\to\infty}\sum_{i=1}^{n}\{mg(a\Delta\varphi_i)\cos(\pi-\varphi_i)\}\\&=\lim_{n\to\infty}\sum_{i=1}^{n}\{-(mga\cos\varphi_i)\Delta\varphi_i\}=-mga\int_0^{\pi/2}\cos\varphi\,d\varphi=-mga\end{aligned}$$

**6.2** (a) 問題 5.3 より $bv_0=rv$ である．一方力学的エネルギーの保存則より

$$\frac{1}{2}mv_0^2=\frac{1}{2}mv^2-\frac{GmM}{r}$$

である．これらを解くと

$$v=\frac{GM}{v_0b}+\sqrt{\left(\frac{GM}{v_0b}\right)^2+v_0^2}$$

$$r=-\frac{GM}{v_0^2}+\sqrt{\left(\frac{GM}{v_0^2}\right)^2+b^2}$$

である．

(b) $r\geq R$ より

$$b\geq\sqrt{R^2+\frac{2RGM}{v_0^2}}.$$

(c) 衝突時の運動エネルギーが熱エネルギーに変換されるので

$$Q = \frac{1}{2}mv_0^2 + \frac{GmM}{R}.$$

**6.3** (a) 地球を離脱するには無限遠での力学的エネルギーが 0 以上になればよい．よって

$$\frac{1}{2}mv_1^2 - \frac{GmM_1}{R_1} = 0 \qquad \therefore\ v_1 = \sqrt{\frac{2GM_1}{R_1}}.$$

(b) 力学的的エネルギーの保存則より

$$\frac{1}{2}mv_1^2 - \frac{GmM_1}{R_1} = \frac{1}{2}mv_2^2 - \frac{GmM_2}{R_2}$$

前問より左辺は 0 なので

$$v_2 = \sqrt{\frac{2GM_2}{R_2}}.$$

(c) 地中を $h$ 進むことによって力学的エネルギーが $F'h$ だけ散逸するので

$$F'h = \frac{GmM_2}{R_2} \qquad \therefore\ h = \frac{GmM_2}{F'R_2}$$

(d) 速さを $n$ 倍にしたときに到達する深さを $h'$ とすると

$$h'/h = \frac{\frac{1}{2}m(nv_2)^2}{\frac{1}{2}mv_2^2} = n^2.$$

**6.4** (a) 単振動の運動方程式を $m\ddot{x} + kx = 0$ と書いて，$\dot{x}$ を乗ずると，

$$\frac{dx}{dt}\left(m\frac{d^2x}{dt^2} + kx\right) = 0$$

この式は

$$\frac{d}{dt}\left(\frac{1}{2}m\left(\frac{dx}{dt}\right)^2 + \frac{1}{2}kx^2\right) = 0$$

と表せる．時間 $t$ で積分すると，力学的エネルギー保存則

$$\frac{1}{2}m\left(\frac{dx}{dt}\right)^2 + \frac{1}{2}kx^2 = \text{一定}$$

を得る．

(b) 角振動数は $\omega = \sqrt{k/m}$ と表せるので，位置エネルギーは，

$$U = \frac{1}{2}kx^2 = \frac{1}{2}m\omega^2x^2 = \frac{1}{2}m\omega^2A^2\cos^2(\omega t + \alpha)$$

と計算される．一方，運動エネルギーは

$$K = \frac{1}{2}m\left(\frac{dx}{dt}\right)^2 = \frac{1}{2}m\omega^2A^2\sin^2(\omega t + \alpha)$$

したがって，$K + U = \frac{1}{2}m\omega^2A^2[\sin^2(\omega t + \alpha) + \cos^2(\omega t + \alpha)] = \frac{1}{2}m\omega^2A^2 = \text{一定}.$

**6.5** 1 周期 $T=2\pi/\omega$ にわたる運動エネルギーと位置エネルギーの平均値をそれぞれ $\overline{K}$ と $\overline{U}$ とおくと，

$$\overline{K}=\frac{1}{T}\int_0^T K dt=\frac{1}{T}\int_0^T \frac{1}{2}m\omega^2 A^2\sin^2(\omega t+\alpha)dt$$
$$\overline{U}=\frac{1}{T}\int_0^T U dt=\frac{1}{T}\int_0^T \frac{1}{2}m\omega^2 A^2\cos^2(\omega t+\alpha)dt$$

ところが，

$$\frac{1}{T}\int_0^T \sin^2(\omega t+\alpha)dt=\frac{1}{T}\int_0^T \cos^2(\omega t+\alpha)dt=\frac{1}{2}$$

なので，$\overline{K}=\overline{U}=\dfrac{1}{4}m\omega^2A^2$ である．

## 第 7 章

**問 7.1** 式 (7.45)は次のように変形できる．

$$r+\epsilon x=l$$
$$x^2+y^2=(l-\epsilon x)^2$$
$$(1-\epsilon^2)x^2+2l\epsilon x+y^2=l^2 \tag{1}$$

$\epsilon\neq 1$ ならば，さらに，

$$\frac{(1-\epsilon^2)^2}{l^2}\left(x+\frac{l\epsilon}{1-\epsilon^2}\right)^2+\frac{1-\epsilon^2}{l^2}y^2=1 \tag{2}$$

と変形できる．

(a) $\epsilon=1$ のとき，式 (1)は

$$x=-\frac{1}{2l}y^2+\frac{1}{2}l$$

となる．これは図 A.4(a) のような放物線軌道を表す．

(b) $\epsilon>1$ のとき，

$$a=\frac{l}{\epsilon^2-1},\quad b=\frac{l}{\sqrt{\epsilon^2-1}}$$

とおくと，式 (2)は

$$\frac{(x-\epsilon a)^2}{a^2}-\frac{y^2}{b^2}=1$$

となる．これは図 A.4(b) のような双曲線軌道を表す．

(c) $\epsilon<1$ のとき，

$$a=\frac{l}{1-\epsilon^2},\quad b=\frac{l}{\sqrt{1-\epsilon^2}}$$

とおくと，式 (2)は

$$\frac{(x+\epsilon a)^2}{a^2}+\frac{y^2}{b^2}=1$$

となる．これは図 A.4(c) のような，長径 $a$，短径 $b$ の楕円軌道を表す．

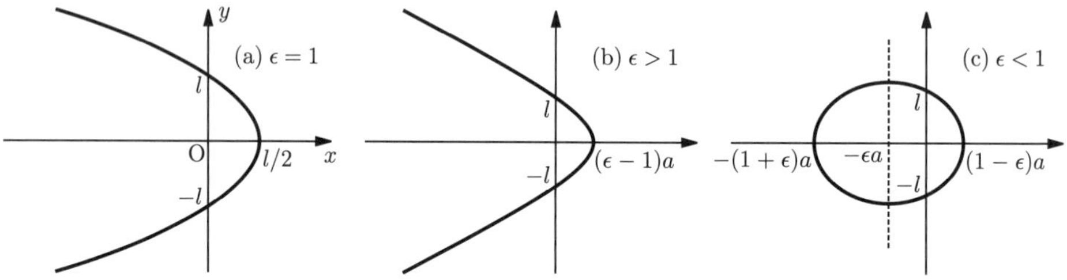


図 **A.4**

**問 7.2** 相対速度を $\boldsymbol{v} = \boldsymbol{v}_1 - \boldsymbol{v}_2$ とすると，

$$\mu\dot{\boldsymbol{v}} = \frac{\mu}{m_1}\boldsymbol{F}_1 - \frac{\mu}{m_2}\boldsymbol{F}_2 + \boldsymbol{F} \quad \left(\frac{1}{\mu} = \frac{1}{m_1} + \frac{1}{m_2}\right)$$

外力が重力の場合（$\boldsymbol{F}_1 = m_1\boldsymbol{g}$, $\boldsymbol{F}_2 = m_2\boldsymbol{g}$），$\mu\dot{\boldsymbol{v}} = \boldsymbol{F}$ となり，外力がない場合と同じになる．

**問 7.3** $v_1' = \dfrac{m_1 - m_2 e}{m_1 + m_2}v_1 + \dfrac{m_2(1+e)}{m_1+m_2}v_2, \quad v_2' = \dfrac{m_1(1+e)}{m_1+m_2}v_1 + \dfrac{m_2 - m_1 e}{m_1+m_2}v_2.$

## 章末問題 7

**7.1** 質量 $m_1$ と $m_2$ の二質点系の換算質量 $\mu$ は

$$\frac{1}{\mu} = \frac{1}{m_1} + \frac{1}{m_2}$$

で定義される．ここで $\mu$，$m_1$，$m_2$ はすべて正の数である．

(1) $m_1 = m_2 = m$ のとき，$1/\mu = 2/m$．よって，$\mu = m/2$．

(2) 上の定義式から明らかに，$1/\mu > 1/m_1, 1/\mu > 1/m_2$ であり，したがって，$\mu < m_1, \mu < m_2$ であるので，$\mu$ は $m_1$ と $m_2$ の小さい方の質量よりも小さい．

(3) $m_2 \gg m_1$ とすると，

$$\frac{1}{\mu} = \frac{1}{m_1}\left(1 + \frac{m_1}{m_2}\right) \simeq \frac{1}{m_1} \quad (\because\ m_1/m_2 \ll 1)$$

よって，$\mu \simeq m_1$．

**7.2** 小球 1, 2 の座標を $x_1$，$x_2$ とする（図 A.5）．

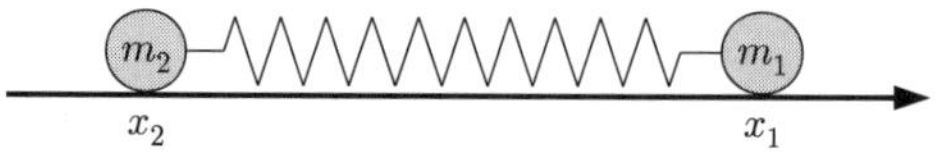


図 **A.5**

小球 2 を固定し，小球 1 を振動させた場合を考える．バネの自然長を $l$ とすると，小球 1 の運動方程式は

$$m_1\ddot{x}_1 = -k(x_1 - l)$$

となる．この方程式の一般解は $x_1 = l + A\cos(\omega t + \alpha)$ $(\omega = \sqrt{k/m_1})$ と書ける．これは，周期が

$$T = 2\pi\sqrt{\frac{m_1}{k}}$$

の単振動を表す．

二球が自由に振動している場合は，相対運動を考えるとよい．相対運動の方程式は，換算質量を $\mu = m_1 m_2/(m_1 + m_2)$ として，

$$\mu \ddot{x} = -k(x - l) \quad (x = x_1 - x_2)$$

であり，その一般解は $x = l + A\cos(\omega' t + \alpha)$ $(\omega' = \sqrt{k/\mu})$．この単振動の周期は

$$T' = 2\pi\sqrt{\frac{\mu}{k}}$$

である．$m_2 \gg m_1$ の極限を考えると，$\mu = m_1$ となり，したがって，$T' = T$ となる．$m_2 = m_1$ ならば，$\mu = m_1/2$ であるから, $T'$ は $T$ より $1/\sqrt{2}$ 倍小さい．一般に，$\mu < m_1$ なので，$T' < T$ である．つまり，自由振動の方が短い周期ではやく振動する．

**7.3** 車両 1 両の質量を $m$，車両を切り離す前と後での前方 3 両の電車の速度をそれぞれ $v, v'$ とする．電車が進んでいる向きを正として，切り離した車両のレールに対する速度を $u$ とすると，運動量保存則 $4mv = 3mv' + mu$ が成り立つので，$u = 4v - 3v'$．前方 3 両の電車に対する切り離された車両の相対速度は，$u - v' = 4(v - v')$．したがって，切り離された車両は後方に $-(u - v') = 4(v' - v) = 4 \times 10 = 40$ m/s で進んでいる．

**7.4** (1) 弾丸の運動エネルギーは抵抗力によってすべて失われるので，

$$\frac{1}{2}mv^2 = Fd \quad \therefore\ F = \frac{1}{2d}mv^2$$

(2) 衝突後の速度を $V$ とすると，運動量保存則から

$$mv = (m + M)V$$

また，エネルギー保存則

$$\frac{1}{2}mv^2 = \frac{1}{2}(m + M)V^2 + Fd'$$

が成り立つ．これら 2 式と (1) の結果から，$d' = \dfrac{Md}{m + M}$ と求まる．

**7.5** 一方の質点から他方の質点を見ると，換算質量 $\mu = mm'/(m + m')$ の質点が万有引力を中心力として円運動しているように見える．中心力では面積速度が一定に保たれるので，この円運動は等速円運動であり，その角速度を $\omega$ とすると，運動方程式は $\mu a\omega^2 = Gmm'/a^2$ である．これから，回転の周期 $T$ が

$$T = \frac{2\pi}{\omega} = 2\pi\sqrt{\frac{\mu a^3}{Gmm'}}$$

と計算される．この結果は，式 (7.60)と一致している．

**7.6** 衝突直後から測った時間を $t$ とする．衝突後の小球 1, 2 の速度は $v_1(t) = \dot{x}_1$, $v_2(t) = \dot{x}_2$ である．小球 3 の衝突直後の速度を $V'$ とすると，運動量保存則と弾性衝突の条件から，

$$MV = MV' + mv_2(0), \quad V = -[V' - v_2(0)] \quad \therefore\ V' = \frac{M - m}{M + m}V, \quad v_2(0) = \frac{2M}{M + m}V$$

衝突後の小球 1, 2 には水平方向に外力は作用していないので，重心座標 $x_c = (x_1 + x_2)/2$ は等速直線運動をする．小球 2 のはじめの位置を座標の原点にとると，衝突直後の重心座標は $[x_1(0) + x_2(0)]/2 = x_1(0)/2 = l/2$．衝突直後の重心の速度は $[v_1(0) + v_2(0)]/2 = v_2(0)/2$．よって，

$$x_c(t) = \frac{v_2(0)}{2}t + \frac{l}{2}$$

相対運動の方程式は，換算質量を $\mu = m/2$ として，

$$\mu \ddot{x} = -k(x-l) \quad (x = x_1 - x_2)$$

この方程式の一般解は $x(t) = l + A\cos(\omega t + \alpha)$ $(\omega = \sqrt{k/\mu} = \sqrt{2k/m})$ である．$t=0$ での初期条件は

$$x(0) = x_1(0) - x_2(0) = l, \quad \dot{x}(0) = v_1(0) - v_2(0) = -v_2(0)$$

この条件を満たす解は，

$$x(t) = l - \frac{v_2(0)}{\omega}\sin\omega t$$

以上から

$$x_1(t) = x_c(t) + \frac{1}{2}x(t) = l + \frac{v_2(0)}{2}\left(t - \frac{\sin\omega t}{\omega}\right) = l + \frac{MV}{M+m}\left(t - \frac{\sin\omega t}{\omega}\right)$$
$$x_2(t) = x_c(t) - \frac{1}{2}x(t) = \frac{v_2(0)}{2}\left(t + \frac{\sin\omega t}{\omega}\right) = \frac{MV}{M+m}\left(t + \frac{\sin\omega t}{\omega}\right)$$

## 第 8 章

**問 8.1** 3 つの質点の作る平面上に原点Oをとって $xy$ 直交座標系を定義し，質点 $n(n=1,\,2,\,3)$ の位置ベクトルを $\boldsymbol{r}_n = (x_n,\,y_n)$ とする．式 (8.12) より重心

$$\boldsymbol{r}_{c2} = (x_{c2},\,y_{c2}) = \left(\frac{m_1x_1 + m_2x_2}{m_1+m_2},\,\frac{m_1y_1+m_2y_2}{m_1+m_2}\right)$$

これは $\boldsymbol{r}_1$，$\boldsymbol{r}_2$ を $m_2 : m_1$ に内分する点の座標に等しい．また

$$\boldsymbol{r}_{c3} = \left(\frac{m_1x_1+m_2x_2+m_3x_3}{m_1+m_2+m_3},\,\frac{m_1y_1+m_2y_2++m_3y_3}{m_1+m_2+m_3}\right)$$
$$= \left(\frac{(m_1+m_2)x_{c2}+m_3x_3}{(m_1+m_2)+m_3},\,\frac{(m_1+m_2)y_{c2}++m_3y_3}{(m_1+m_2)+m_3}\right)$$

だから，$\boldsymbol{r}_{c2}$ にある質量 $(m_1+m_2)$ の質点と $\boldsymbol{r}_3$ にある質量 $m_3$ の質点の重心の位置と等価である．

## 章末問題 8

**8.1** $\boldsymbol{N} = \boldsymbol{r}_1 \times \boldsymbol{F} + \boldsymbol{r}_2 \times (-\boldsymbol{F}) = (\boldsymbol{r}_1 - \boldsymbol{r}_2)\times\boldsymbol{F}$.

$$\boldsymbol{N}' = (\boldsymbol{r}_1 - \boldsymbol{r}_c)\times\boldsymbol{F} + (\boldsymbol{r}_2 - \boldsymbol{r}_c)\times(-\boldsymbol{F}) = (\boldsymbol{r}_1-\boldsymbol{r}_2)\times\boldsymbol{F} = \boldsymbol{N}$$

**8.2** 質点の位置をそれぞれ $(x_1,\,y_1)$，$(x_2,\,y_2)$，$(x_3,\,y_3)$ とおくと，

$$\boldsymbol{r}_c = \left(\frac{mx_1+mx_2+mx_3}{m+m+m},\,\frac{my_1+my_2+my_3}{m+m+m}\right) = \left(\frac{x_1+x_2+x_3}{3},\,\frac{y_1+y_2+y_3}{3}\right)$$

**8.3** 対称な形をしているから重心は $y$ 軸上にある．$y_c$ の値を導くのには 2 次元極座標を用いる．半円の面密度を $\sigma$ とすると，$M = \sigma\pi a^2/2$．式 (8.13) より，

$$y_c = \frac{1}{M}\int\!\!\int_{半円}\sigma\,y\,dxdy = \frac{\sigma}{M}\int_0^a\int_0^\pi r\sin\varphi\,rdrd\varphi = \frac{4}{3\pi}a$$

**8.4** 対称な形をしているから重心は $z$ 軸上にある．$z_c$ の値を導くのには 3 次元極座標を用いる．半球の密度を $\rho$ とすると，$M = \rho 2\pi a^3/3$．式 (8.13) より，

$$z_c = \frac{1}{M}\iiint_{\text{半球}} \rho\, z\, dxdydz = \frac{\rho}{M}\int_0^a \int_0^{\pi/2} \int_0^{2\pi} r\cos\theta r^2 dr \sin\theta d\theta d\varphi = \frac{3}{8}a$$

**8.5**

［証明］ 基準となる慣性座標系を S，S と異なる任意の慣性座標系を S′ とする．S と S′ の相対運動はあってもよい．簡単のため，その場合は時刻 $t=0$ で両者の原点は一致しているとする．S 系における質点系の $i$ 番目の質点の位置ベクトルを $\boldsymbol{r}_i$，S′ 系で $\boldsymbol{r}'_i$ とおく．また，S 系の原点 O と S′ 系の原点 O′ 間ベクトルを $\boldsymbol{r}_0$ とおく．

$$\boldsymbol{r}_i = \boldsymbol{r}_0 + \boldsymbol{r}'_i \tag{1}$$

$$\boldsymbol{v}_i = \boldsymbol{v}_0 + \boldsymbol{v}'_i \tag{2}$$

となる．S 系で質点系の角運動量と外力の間に式 (8.10)が成り立つとき，S′ においても成り立つかを考えよう．重心系のときと同様に，(1)と (2)を (8.7)に代入すると，

$$\begin{aligned}
\boldsymbol{L} &= \sum_i m_i \left(\boldsymbol{r}_0 + \boldsymbol{r}'_i\right) \times \left(\boldsymbol{v}_0 + \boldsymbol{v}'_i\right) \\
&= M\boldsymbol{r}_0 \times \boldsymbol{v}_0 + \sum_i m_i \boldsymbol{r}'_i \times \boldsymbol{v}'_i + \boldsymbol{r}_0 \times \left(\sum_i m_i \boldsymbol{v}'_i\right) + \left(\sum_i m_i \boldsymbol{r}'_i\right) \times \boldsymbol{v}_0 \\
&= M\boldsymbol{r}_0 \times \boldsymbol{v}_0 + \boldsymbol{L}' + \boldsymbol{r}_0 \times \boldsymbol{P}' + M\boldsymbol{r}'_c \times \boldsymbol{v}_0
\end{aligned} \tag{3}$$

となる．ここで，S′ 系における質点系の角運動量を $\boldsymbol{L}' = \sum_i m_i \boldsymbol{r}'_i \times \boldsymbol{v}'_i$ とおいた．また，$\boldsymbol{r}'_c = \sum_i m_i \boldsymbol{r}'_i / M$ は S′ からみた質点系の重心，$\boldsymbol{P}' = \sum_i m_i \boldsymbol{v}'_i$ は系の全運動量であり，重心系ではこれらが 0 であった．両辺を時間 $t$ で微分すると

$$\begin{aligned}
\frac{d\boldsymbol{L}}{dt} &= M\boldsymbol{r}_0 \times \frac{d\boldsymbol{v}_0}{dt} + \frac{d\boldsymbol{L}'}{dt} + \frac{d\boldsymbol{r}_0}{dt} \times \left(\sum_i m_i \boldsymbol{v}'_i\right) + \boldsymbol{r}_0 \times \frac{d\left(\sum_i m_i \boldsymbol{v}'_i\right)}{dt} \\
&\quad + M\frac{d\boldsymbol{r}'_c}{dt} \times \boldsymbol{v}_0 + M\boldsymbol{r}'_c \times \frac{d\boldsymbol{v}_0}{dt} \\
&= \frac{d\boldsymbol{L}'}{dt} + \boldsymbol{v}_0 \times \boldsymbol{P}' + \boldsymbol{r}_0 \times \sum_i \boldsymbol{F}_i + \boldsymbol{P}' \times \boldsymbol{v}_0 \\
&= \frac{d\boldsymbol{L}'}{dt} + \boldsymbol{r}_0 \times \sum_i \boldsymbol{F}_i
\end{aligned} \tag{4}$$

が得られる．S′ は慣性系としたので $d\,\boldsymbol{v}_0/dt = 0$，$d\,\boldsymbol{P}'/dt = \sum_i \boldsymbol{F}_i$ となることと，$M\boldsymbol{v}'_c = \boldsymbol{P}'$ を 3 行目で用いた．式 (8.25)の $\boldsymbol{r}_c$ を $\boldsymbol{r}_0$ に置き換えた式

$$\frac{d\boldsymbol{L}}{dt} = \sum_i \left(\boldsymbol{r}_0 + \boldsymbol{r}'_i\right) \times \boldsymbol{F}_i = \boldsymbol{r}_0 \times \sum_i \boldsymbol{F}_i + \sum_i \boldsymbol{r}'_i \times \boldsymbol{F}_i$$

の右辺と式 (4)が等しいとして整理すると，

$$\frac{d\boldsymbol{L}'}{dt} = \sum_i \boldsymbol{r}'_i \times \boldsymbol{F}_i = \sum_i \boldsymbol{N}'_i$$

が得られる．$\boldsymbol{N}'$ は S′ 系の原点を基準とした外力のモーメントである．以上より，任意の慣性系において，質点系に対し式 (8.27)が成立することが証明された．一般に非慣性系で式 (8.27)を成立させるには慣性力（遠心力やコリオリ力等の見かけの力）を導入する必要がある．しかし重心系は特別で慣性力等を導入せずに式 (8.27)が成立している．慣性力は質点系の重心にはたらくため，重心系ではそのモーメントが 0 になるからである．

## 第9章

**問 9.1** 球の中心を座標原点に置いて $z$ 軸まわりの球の慣性モーメント $I_z$ を求める．密度を $\rho = M/(4\pi R^3/3)$ とし，極座標を用いると以下のように計算できる．

$$\begin{aligned} I_z &= \int_V (r\sin\theta)^2 \rho\, dV = \int_0^{2\pi}\int_0^{\pi}\int_0^{R} (r\sin\theta)^2 \rho r^2 \sin\theta\, drd\theta d\varphi \\ &= \rho \iiint r^4 \sin^3\theta\, drd\theta d\varphi = \rho \int_0^{2\pi} d\varphi \int_0^{\pi} \sin^3\theta\, d\theta \int_0^{R} r^4 dr \\ &= \rho \cdot 2\pi \frac{4}{3} \cdot \frac{R^5}{5} = \frac{2}{5}MR^2 \end{aligned}$$

**問 9.2** 棒（長さ $\ell$，質量 $M$）と円板（半径 $a$，質量 $M$）の中心を通る軸まわりの慣性モーメント $I_{c,rod} = M\ell^2/12$，$I_{c,disk} = Ma^2/2$ と平行軸線定理から，それぞの端を通る慣性モーメント $I_{e,rod}$，$I_{e,disk}$ は，

$$I_{e,rod} = \frac{M\ell^2}{12} + M\left(\frac{\ell}{2}\right)^2 = \frac{M\ell^2}{3}$$

$$I_{e,disk} = \frac{Ma^2}{2} + Ma^2 = \frac{3Ma^2}{2}$$

**問 9.3** 求める慣性モーメントを $I$ とすると，対称性より円板平面内でそれに垂直でな軸まわりの慣性モーメントも $I$ である．円板の中心を通る板に垂直な軸まわりの慣性モーメントは $I_c = Ma^2/2$ であるから，平板剛体の定理より，

$$I + I = I_c$$

$$\therefore I = \frac{I_c}{2} = \frac{Ma^2}{4}$$

と求まる．

**問 9.4** 棒の一端を通る軸まわりの慣性モーメントは，$I_{e,rod} = ML^2/3$（問 9.2）．重力は棒の中心（重心）にはたらくので，回転軸からの距離は $L/2$．これらを式 (9.35)に代入して周期は，

$$T = 2\pi\sqrt{\frac{ML^2/3}{MgL/2}} = 2\pi\sqrt{\frac{2L}{3g}}$$

**問 9.5** 球体の中心軸まわりの慣性モーメント $I_c = 2Mr^2/5$ を式 (9.47)に代入して，$a = \dfrac{5}{7}g\sin\phi$ が得られる．これは質量と半径が同じ円柱の並進加速度 $\dfrac{2}{3}g\sin\phi$ よりも大きい．

**問 9.6** 棒（長さ $L$，質量 $M$）棒の端を通る軸回りの慣性モーメントを $I_e$ として，固定軸まわりの棒の運動エネルギー $K$ は，式 (9.14)より，

$$K = \frac{1}{2}I_e\omega^2$$

と表せる．一方，棒の重心（中心）まわりの慣性モーメントを $I_c$，中心まわりの棒の回転角速度を $\omega'$ とすると，式 (9.54)を用いて棒の運動エネルギー $K'$ は，

$$K' = \frac{1}{2}Mv_c^2 + \frac{1}{2}I_c\omega'^2$$

と表せる．重心から見た棒の角速度 $\omega'$ は $\omega$ と等しく，重心の速さは $v_c = (L/2)\omega$ である．また，平行軸線定理より，$I_c = I_e - M(L/2)^2$ である．これらを $K'$ の式に代入すると，

$$K' = \frac{1}{2}M\left(\frac{L}{2}\right)^2\omega^2 + \frac{1}{2}\left(I_e - M\left(\frac{L}{2}\right)^2\right)\omega^2 = \frac{1}{2}I_e\omega^2 = K$$

となり，$K = K'$ であることが示される．

**問 9.7** 剛体を分割して質点（$\boldsymbol{r}_i$，$m_i$）の集まりと考える．（空間的に一様な）重力加速度ベクトルを $\boldsymbol{g}$ とすると，原点を基準とした剛体の位置エネルギー $U$ は，各質点の位置エネルギーの和として，

$$U = \sum_i m_i \boldsymbol{g} \cdot \boldsymbol{r}_i$$
$$= \boldsymbol{g} \cdot \left( \sum_i m_i \boldsymbol{r}_i \right) = M\boldsymbol{g} \cdot \left( \sum_i \frac{m_i \boldsymbol{r}_i}{M} \right) = M\boldsymbol{g} \cdot \boldsymbol{r}_c = Mgh_c$$

ここで，$h_c = \boldsymbol{g} \cdot \boldsymbol{r}_c$ は重心の基準原点からの高さである．

**問 9.8** 初期のおもりの高さを基準とすると，高さ $h$ だけ落下したときの系の力学的エネルギーは，おもりの速さ $v$，滑車の角速度 $\omega$，滑車の慣性モーメントを $I$ として，$mv^2/2 + I\omega^2/2 - mgh$ である．力学的エネルギー保存則と $I = MR^2/2$，$R\omega = v$ の関係を用いると，

$$\frac{1}{2}mv^2 + \frac{1}{2}\left(\frac{1}{2}MR^2\right)\left(\frac{v}{R}\right)^2 - mgh = 0 \qquad \Longrightarrow \qquad v = 2\sqrt{\frac{mgh}{2m+M}}$$

**問 9.9** ある基準点 O において物体にはたらく力のモーメントは，力 $\boldsymbol{F}_i$ の作用点を $\boldsymbol{r}_i$ として，$\boldsymbol{N} = \sum_i \boldsymbol{N}_i = \sum_i \boldsymbol{r}_i \times \boldsymbol{F}_i$ である．O と異なる任意の基準点 O′（$\overrightarrow{\mathrm{OO'}}$）における力のモーメント $\boldsymbol{N}'$ は，作用点の位置ベクトルを $\boldsymbol{r}'_i = \boldsymbol{r}_i - \boldsymbol{a}$ を用いて，

$$\boldsymbol{N}' = \sum_i \boldsymbol{r}'_i \times \boldsymbol{F}_i$$

であるが，つり合い条件（$\sum_i \boldsymbol{F}_i = \boldsymbol{0}$）のとき，

$$\boldsymbol{N}' = \sum_i (\boldsymbol{r}_i - \boldsymbol{a}) \times \boldsymbol{F}_i = \sum_i \boldsymbol{r}_i \times \boldsymbol{F}_i - \boldsymbol{a} \times \sum_i \boldsymbol{F}_i = \sum_i \boldsymbol{r}_i \times \boldsymbol{F}_i = \boldsymbol{N}$$

となり，任意の基準点における力のモーメントが等しいことが分かる．

**問 9.10** 図 9.11 の $R, F, Mg$ が共点的（作用線が一点で交わる）ためには，図に点線で示される R と F の交点が重力 $Mg$ の作用線上（直上）に無くてはならない．このとき棒の長さを $L$ として，図から $\phi$ は，

$$\tan\phi = \frac{L\sin\theta}{L\cos\theta/2} = 2\tan\theta$$

の関係を満たすことが必要となる．

**問 9.11** 偶力では二つの力が釣り合っているので，力のモーメントの基準点は任意である（問 9.9）．一方の力の作用点を基準点ととれば，もう一方の力によるモーメントは，腕の長さが $d$ であるので，$N = dF$（式 (9.61)）となる．

## 章末問題 9

**9.1**

(a) 円環は固定軸からの一定の距離に質量が分布しているから $I = Ma^2$．

(b) 球殻の面密度を $\sigma$ とする．$z$ 軸を固定軸とする慣性モーメント $I_z = \sigma \int_{球殻} (x^2 + y^2) dS$ と書ける．同様に $I_x = \sigma \int_{球殻} (y^2 + z^2) dS$，$I_y = \sigma \int_{球殻} (z^2 + x^2) dS$ である．$I_x + I_y + I_z = \sigma \int_{球殻} 2(x^2 + y^2 + z^2) dS = \sigma 2a^2 \int_{球殻} dS = \sigma 8\pi a^4 = 2Ma^2$．$I_x = I_y = I_z = I$ だから，$I = (2/3)Ma^2$

**9.2** 加速度 $a$ の向きを正にとると，P の運動方程式は $ma = mg - T$．Q の運動方程式は $m'a = T' - m'g$．慣性モーメントを $I$，円板の角速度を $\omega$ とおくと，円板の運動方程式は $I\dot{\omega} = RT - RT'$．ここで $T$，$T'$ は，P，Q と円板の間にはたらく張力の大きさを表す．$a = R\dot{\omega}$ の関係式と $I = (1/2)MR^2$ を使って整理すると，

$$a = \frac{(m - m')g}{m + m' + M/2}$$

**9.3** 固定軸を基準とした衝突前の弾丸の角運動量の大きさは $mvL$ である．固定軸を基準とすると，棒からブロックが受ける力のモーメントは 0 であり，水平面内でそれ以外の力ははたらかないので，この衝突前後で弾丸とブロックからなる系の角運動量は保存する．したがって，衝突後の系の角運動量は $mvL$ である．また，一体となったときの角速度を $\omega$ とすると，系の角運動量は $(M+m)L^2\omega$ と表せるので，

$$(M + m)L^2\omega = mvL$$
$$\therefore \omega = \frac{m}{M + m}\frac{v}{L}$$

**9.4**

(a) 天秤の始点から左右の皿までの腕の長さをそれぞれ $\ell_1$, $\ell_2$ とすると，$M_1\ell_1 = M\ell_2$, $M\ell_1 = M_2\ell_2$ より，$M_1/M = M/M_2$．よって $M = \sqrt{M_1M_2}$.

(b) $M_2 = M_1 + \delta$ とおいて $M = \sqrt{M_1M_2}$ に代入すると

$$M = M_1\sqrt{1 + \frac{\delta}{M_1}} \approx M_1(1 + \frac{\delta}{2M_1}) = \frac{2M_1 + \delta}{2} = \frac{M_1 + M_2}{2}$$

なお $\delta^2$ の項まで導いたときは $M \sim \frac{M_1+M_2}{2} - \frac{1}{8}\frac{\delta^2}{M}$

## 第 10 章

**問 10.1** 落下距離はいずれの場合も $gt^2/2$ であるから，$g = 9.8\mathrm{m/s^2}$，$t$=3[s],10[s],20[s] を入れると、それぞれ，44.1[m], 490.0[m], 1960.0[m] である。

**問 10.2** 赤道面上で真東へ速さ $v'$ で運動している物体にはたらくコリオリ力の大きさは，$2m\omega v'$ であるので，

$$\frac{2m\omega v'}{mg_0} = 0.0035$$

より

$$v' = \frac{0.0035g_0}{2\omega} = 235\ \mathrm{m/s} = 846\ \mathrm{km/h}$$

である．このときコリオリ力の向きは鉛直上向きなので，遠心力と同じ向きにはたらく．国際線の飛行機の速さは 900 - 1000 km/h であるから，真東に飛ぶときはコリオリ力は遠心力と同程度になる。ただし，赤道付近で飛行機が真北に飛ぶときは速度 $\vec{v}'$ と $\vec{\omega}$ が平行であるからコリオリ力は 0 である．

## 章末問題 10

**10.1** (a) 速度が一定であるから，慣性力ははたらかない

(b) 速度を増加（減少）しながら上昇するときは加速度が上向き（下向き）であるから，下向き（上向き）の慣性力を感じる

(c) 速度が増加（減少）しながら下降するときは加速度が下向き（上向き）であるから，上向き（下向き）の慣性力を感じる

**10.2** コリオリ力を無視した場合は，一定の速さ $v_0$ で真東に動いている塔からの水平放物運動であるから，物体の水平方向の速さは塔と同じで $v_0$ である．したがって，物体は塔の真下に落ちる．コリオリ力を考慮すると，$\vec{v}$ が鉛直下向きであるから，$\vec{v} \times \vec{\omega}$ はつねに真東向きになり、コリオリ力は真東向きにはたらく．したがって，物体は水平放物運動のときに比べると真東向きに力が加わるので，塔の真下よりわずかに東にずれて落ちる．日本付近では約 100m の高さから落下したときのずれは 1cm 程度である．

**10.3** エレベーター内の単振り子のおもりには重力と慣性力がはたらくので，重力の加速度の大きさが

$(g+a)$ と増加しているとみなせる．したがって，単振り子の周期は $T = 2\pi\sqrt{\ell/(g+a)}$ となり，エレベーターが静止しているときに比べて周期が短くなる．

**10.4** 南半球では物体の速度の向きに対して右から左向きにコリオリ力がはたらくので，台風の風の向きは右巻きになる．

**10.5** 図 10.8 より，三角関数の余弦定理（付録:三角関数を参照）を用いると

$$(mg)^2 = (mg_0)^2 + (m\omega^2 R\cos\theta)^2 - 2mg_0 m\omega^2 R\cos^2\theta$$

である．遠心力は重力に比べて小さい $(g_0 \gg \omega^2 R)$ ので，右辺の第 2 項を無視すると

$$\begin{aligned} g &\simeq \sqrt{g_0^2 - 2g_0\omega^2 R\cos^2\theta} \\ &= g_0\sqrt{1 - \frac{2\omega^2 R\cos^2\theta}{g_0}} \\ &\simeq g_0(1 - \frac{\omega^2 R\cos^2\theta}{g_0}) \\ &= g_0 - \omega^2 R\cos^2\theta \end{aligned}$$

2 行目から 3 行目には平方根の近似式（付録:マクローリン展開を参照）を用いた．

**10.6** 図 10.9 のように $x, y, z$ 軸をとると，角速度ベクトル $\boldsymbol{\omega}$ の $x, y, x$ 成分は $\boldsymbol{\omega} = (-\omega\cos\theta, 0, \omega\sin\theta)$ となるので，コリオリ力は $-2m\boldsymbol{\omega}\times\boldsymbol{v} = (2m\omega\dot{y}\sin\theta, -2m\omega(\dot{x}\sin\theta + \dot{z}\cos\theta), 2m\omega\dot{y}\cos\theta)$ と書ける。これらを式 (10.34) に入れると，運動方程式の $x, y, z$ 成分は

$$\begin{aligned} m\ddot{x} &= F_{0x} + 2m\omega\dot{y}\sin\theta \\ m\ddot{y} &= F_{0y} - 2m\omega(\dot{x}\sin\theta + \dot{z}\cos\theta) \\ m\ddot{z} &= -mg + F_{0z} + 2m\omega\dot{y}\cos\theta \end{aligned}$$

となる．

**10.7** 図 A.6 に示すように，ある軸のまわりに角速度 $\omega$ でベクトル $\boldsymbol{r}$ が回転しているとき，ベクトル $\boldsymbol{r}$ の $\delta t$ 秒間の変化 $\delta s$ は $\delta s = |\boldsymbol{r}(t+\delta t) - \boldsymbol{r}(t)| = r\sin\theta\delta\varphi = r\sin\theta\omega\delta t$ と表せる．したがって，$\delta s/\delta t = r\omega\sin\theta$ であるから，角速度ベクトル $\boldsymbol{\omega}$ で軸のまわりを回転するベクトル $\boldsymbol{r}$ の時間微分は，$\dot{\boldsymbol{r}} = \boldsymbol{\omega}\times\boldsymbol{r}$ と表せる．このことを用いて，静止座標系 (O 系) と回転座標系 (O′ 系) の関係を表そう．まず，O 系における質点の座標 $\boldsymbol{r}$，速度 $\boldsymbol{v}$，および加速度 $\boldsymbol{a}$ は

$$\begin{aligned} \boldsymbol{r} &= x\boldsymbol{e}_x + y\boldsymbol{e}_y + z\boldsymbol{e}_z \\ \boldsymbol{v} &= \dot{x}\boldsymbol{e}_x + \dot{y}\boldsymbol{e}_y + \dot{z}\boldsymbol{e}_z \end{aligned}$$

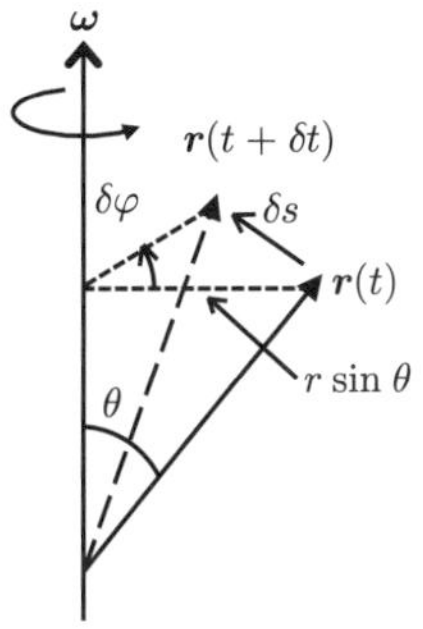


図 **A.6**

$$\boldsymbol{a} = \ddot{x}\boldsymbol{e}_x + \ddot{y}\boldsymbol{e}_y + \ddot{z}\boldsymbol{e}_z$$

と表される．O 系は静止座標系であるから，単位ベクトル $\boldsymbol{e}_x, \boldsymbol{e}_y, \boldsymbol{e}_z$ は時間に依存しない．一方、O′ 系で見た質点の座標 $\boldsymbol{r}'$，速度 $\boldsymbol{v}'$ および加速度 $\boldsymbol{a}'$ は

$$\begin{aligned}
\boldsymbol{r}' &= x'\boldsymbol{e}_{x'} + y'\boldsymbol{e}_{y'} + z'\boldsymbol{e}_{z'} \\
\boldsymbol{v}' &= \dot{x}'\boldsymbol{e}_{x'} + \dot{y}'\boldsymbol{e}_{y'} + \dot{z}'\boldsymbol{e}_{z'} \\
\boldsymbol{a}' &= \ddot{x}'\boldsymbol{e}_{x'} + \ddot{y}'\boldsymbol{e}_{y'} + \ddot{z}'\boldsymbol{e}_{z'}
\end{aligned}$$

であるが，O′ 系の単位ベクトル $\boldsymbol{e}_{x'}, \boldsymbol{e}_{y'}, \boldsymbol{e}_{z'}$ は時間に依存するので、

$$\begin{aligned}
\dot{\boldsymbol{e}}_{x'} &= \boldsymbol{\omega} \times \boldsymbol{e}_{x'} \\
\dot{\boldsymbol{e}}_{y'} &= \boldsymbol{\omega} \times \boldsymbol{e}_{y'} \\
\dot{\boldsymbol{e}}_{z'} &= \boldsymbol{\omega} \times \boldsymbol{e}_{z'}
\end{aligned}$$

となることに注意する必要がある．O 系と O′ 系の座標原点は一致しているので、$\boldsymbol{r} = \boldsymbol{r}'$ であるから

$$x\boldsymbol{e}_x + y\boldsymbol{e}_y + z\boldsymbol{e}_z = x'\boldsymbol{e}_{x'} + y'\boldsymbol{e}_{y'} + z'\boldsymbol{e}_{z'}$$

である．この式の両辺を時間で微分すると

$$\begin{aligned}
\dot{x}\boldsymbol{e}_x + \dot{y}\boldsymbol{e}_y + \dot{z}\boldsymbol{e}_z &= \dot{x}'\boldsymbol{e}_{x'} + \dot{y}'\boldsymbol{e}_{y'} + \dot{z}'\boldsymbol{e}_{z'} + x'\dot{\boldsymbol{e}}_{x'} + y'\dot{\boldsymbol{e}}_{y'} + z'\dot{\boldsymbol{e}}_{z'} \\
&= \dot{x}'\boldsymbol{e}_{x'} + \dot{y}'\boldsymbol{e}_{y'} + \dot{z}'\boldsymbol{e}_{z'} + \boldsymbol{\omega} \times (x'\boldsymbol{e}_{x'} + y'\boldsymbol{e}_{y'} + z'\boldsymbol{e}_{z'})
\end{aligned}$$

もう一度両辺を時間で微分すると

$$\begin{aligned}
&\ddot{x}'\boldsymbol{e}_{x'} + \ddot{y}'\boldsymbol{e}_{y'} + \ddot{z}'\boldsymbol{e}_{z'} \\
&\quad = \ddot{x}'\boldsymbol{e}_{x'} + \ddot{y}'\boldsymbol{e}_{y'} + \ddot{z}'\boldsymbol{e}_{z'} + 2\boldsymbol{\omega} \times (\dot{x}'\boldsymbol{e}_{x'} + \dot{y}'\boldsymbol{e}_{y'} + \dot{z}'\boldsymbol{e}_{z'}) + \boldsymbol{\omega} \times (\boldsymbol{\omega} \times (x'\boldsymbol{e}_{x'} + y'\boldsymbol{e}_{y'} + z'\boldsymbol{e}_{z'}))
\end{aligned}$$

となる．すなわち，O 系と O′ の速度と加速度は次のような関係式

$$\begin{aligned}
\boldsymbol{v} &= \boldsymbol{v}' + \boldsymbol{\omega} \times \boldsymbol{r}' \\
\boldsymbol{a} &= \boldsymbol{a}' + 2\boldsymbol{\omega} \times \boldsymbol{v}' + \boldsymbol{\omega} \times (\boldsymbol{\omega} \times \boldsymbol{r}')
\end{aligned}$$

で表せる．したがって，この $\boldsymbol{a}$ を O 系の運動方程式 $m\boldsymbol{a} = \boldsymbol{F}$ に入れると

$$m(\boldsymbol{a}' + 2\boldsymbol{\omega} \times \boldsymbol{v}' + \boldsymbol{\omega} \times (\boldsymbol{\omega} \times \boldsymbol{r}')) = \boldsymbol{F}$$

であるから，O′ 系における運動方程式は

$$m\boldsymbol{a}' = \boldsymbol{F} - 2m\boldsymbol{\omega} \times \boldsymbol{v}' - m\boldsymbol{\omega} \times (\boldsymbol{\omega} \times \boldsymbol{r}')$$

と求まる．ここで，右辺第 2 項がコリオリ力、右辺第 3 項が遠心力である．

# 付　　録

## 1. 数学公式集

### 弧度法

半径 1 の単位円の円弧の長さを用いて，円弧の中心角 $\theta$ の大きさを表したもの．60 進法の $360^\circ$ は弧度法では円周の長さにあたる $2\pi(\approx 6.28318...)$ ラジアンである．

### 三角関数

$\sin^2\theta + \cos^2\theta = 1$

$\tan^2\theta + 1 = \dfrac{1}{\cos^2\theta}$

$\sin(\alpha \pm \beta) = \sin\alpha\cos\beta \pm \cos\alpha\sin\beta$　（複号同順）

$\cos(\alpha \pm \beta) = \cos\alpha\cos\beta \mp \sin\alpha\sin\beta$　（複号同順）

$\tan(\alpha \pm \beta) = \dfrac{\tan\alpha \pm \tan\beta}{1 \mp \tan\alpha\tan\beta}$　（複号同順）

$\sin 2\alpha = 2\sin\alpha\cos\alpha$

$\cos 2\alpha = \cos^2\alpha - \sin^2\alpha = 2\cos^2\alpha - 1 = 1 - 2\sin^2\alpha$

$\sin\alpha + \sin\beta = 2\sin\dfrac{\alpha+\beta}{2}\cos\dfrac{\alpha-\beta}{2}$

$\cos\alpha + \cos\beta = 2\cos\dfrac{\alpha+\beta}{2}\cos\dfrac{\alpha-\beta}{2}$

$A\sin x + B\cos x = \sqrt{A^2+B^2}\left(\dfrac{A}{\sqrt{A^2+B^2}}\sin x + \dfrac{B}{\sqrt{A^2+B^2}}\cos x\right) = \sqrt{A^2+B^2}\sin(x+\beta)$

ただし，$\tan\beta = B/A$.

三角形 ABC の $\angle BAC = A$，$\angle CBA = B$，$\angle ACB = V$，辺 AB= $c$，BC= $a$，CA= $b$ とすると，

$a^2 = b^2 + c^2 - 2bc\cos A$　（余弦定理）

### 双曲線関数

$\sinh x = \dfrac{1}{2}\left(e^x - e^{-x}\right)$

$\cosh x = \dfrac{1}{2}\left(e^x + e^{-x}\right)$

$\tanh x = \dfrac{e^x - e^{-x}}{e^x + e^{-x}}$

## 微分積分

$(\sin x)' = \cos x$

$(\cos x)' = -\sin x$

$(\tan x)' = \dfrac{1}{\cos^2 x}$

$(e^x)' = e^x$

$(\log_e x)' = \dfrac{1}{x}$

$\left(\dfrac{1}{x}\right)' = -\dfrac{1}{x^2}$

$(x^n)' = nx^{n-1}$

$\displaystyle\int \sin x\,dx = -\cos x + C$

$\displaystyle\int \cos x\,dx = \sin x + C$

$\displaystyle\int \tan x\,dx = -\log_e \cos x + C$

$\displaystyle\int e^x\,dx = e^x + C$

$\displaystyle\int \log_e x\,dx = x(\log_e x - 1) + C$

$\displaystyle\int \frac{1}{x}\,dx = \log_e |x| + C$

$\displaystyle\int x^n\,dx = \frac{x^{n+1}}{n+1} + C$

ただし，$C$ は積分定数.

## テイラー展開

ある関数 $f(x)$ の $x = a$ の近傍では,

$$f(x) = f(a) + \frac{f'(a)}{1!}(x-a) + \frac{f''(a)}{2!}(x-a)^2 + \frac{f^{(3)}(a)}{3!}(x-a)^3 + \cdots \frac{f^{(n-1)}(a)}{(n-1)!}(x-a)^{n-1} \cdots$$

## マクローリン展開

ある関数 $f(x)$ の $x = 0$ の近傍では,

$$f(x) = f(0) + \frac{f'(0)}{1!}x + \frac{f''(0)}{2!}x^2 + \frac{f^{(3)}(0)}{3!}x^3 + \cdots \frac{f^{(n-1)}(0)}{(n-1)!}x^{n-1} \cdots$$

$|x| << 1$ の場合の近似式として,

$\sin x \approx x - \dfrac{x^3}{3!} + \dfrac{x^5}{5!} - \dfrac{x^7}{7!} + \cdots$

$\cos x \approx 1 - \dfrac{x^2}{2!} + \dfrac{x^4}{4!} - \dfrac{x^6}{6!} + \cdots$

$e^x \approx 1 + x + \dfrac{x^2}{2!} + \dfrac{x^3}{3!} + \dfrac{x^4}{4!} + \cdots$

$\log_e(1+x) \approx x - \dfrac{x^2}{2!} + \dfrac{x^3}{3!} - \dfrac{x^4}{4!} + \cdots$

$\dfrac{1}{1 \pm x} \approx 1 \mp x + x^2 \mp x^3 + \cdots$ （複号同順）

$\sqrt{1 \pm x} \approx 1 \pm \dfrac{x}{2} - \dfrac{x^2}{8} \pm \dfrac{x^3}{16} - \cdots$ （複号同順）

## 複素数

虚数単位を $i$ （$i^2 = -1$ ）と書くと，複素数 $z = a + ib$ （$a$，$b$ は実数）.

$a = \mathrm{Re}[z]$，$b = \mathrm{Im}[z]$ の表記を用いると，$z = \mathrm{Re}[z] + i\mathrm{Im}[z]$.

**オイラーの公式：** $e^{\pm i\theta} = \cos\theta \pm i \sin\theta$ （複号同順）

ここで，$r = \sqrt{a^2 + b^2}$，$\theta = \tan^{-1}(b/a)$ とおくと，$z = re^{i\theta}$． このとき，$a = r\cos\theta$，$b = r\sin\theta$.

### 行列式

$$|A| = \begin{vmatrix} a_{11} & a_{12} \\ a_{21} & a_{22} \end{vmatrix} = a_{11}a_{22} - a_{12}a_{21}$$

$$|C| = \begin{vmatrix} c_{11} & c_{12} & c_{13} \\ c_{21} & c_{22} & c_{23} \\ c_{31} & c_{32} & c_{33} \end{vmatrix} = c_{11}c_{22}c_{33} + c_{12}c_{23}c_{31} + c_{13}c_{21}c_{32} - c_{11}c_{23}c_{32} - c_{12}c_{21}c_{33} - c_{13}c_{22}c_{31}$$

### 2 行 2 列の行列の積・逆行列

$$AB = \begin{pmatrix} a_{11} & a_{12} \\ a_{21} & a_{22} \end{pmatrix} \begin{pmatrix} b_{11} & b_{12} \\ b_{21} & b_{22} \end{pmatrix} = \begin{pmatrix} a_{11}b_{11} + a_{12}b_{21} & a_{11}b_{12} + a_{12}b_{22} \\ a_{21}b_{11} + a_{22}b_{21} & a_{21}b_{12} + a_{22}b_{22} \end{pmatrix}$$

$$A\boldsymbol{x} = \begin{pmatrix} a_{11} & a_{12} \\ a_{21} & a_{22} \end{pmatrix} \begin{pmatrix} x_1 \\ x_2 \end{pmatrix} = \begin{pmatrix} a_{11}x_1 + a_{12}x_2 \\ a_{21}x_1 + a_{22}x_2 \end{pmatrix}$$

$$A^{-1} = \begin{pmatrix} a_{11} & a_{12} \\ a_{21} & a_{22} \end{pmatrix}^{-1} = \frac{1}{|A|} \begin{pmatrix} a_{22} & -a_{12} \\ -a_{21} & a_{11} \end{pmatrix} = \frac{1}{a_{11}a_{22} - a_{12}a_{21}} \begin{pmatrix} a_{22} & -a_{12} \\ -a_{21} & a_{11} \end{pmatrix}$$

## 2. 数値データ集

### 物理定数

| 名称 | 記号 | 値 | 単位 |
|---|---|---|---|
| 万有引力定数 | $G$ | $6.6720 \times 10^{-11}$ | $\mathrm{N\ m^2\ kg^{-2}}$ |
| 重力加速度（標準） | $g$ | $9.80665$ | $\mathrm{m\ s^{-2}}$ |
| 真空中の光速 | $c$ | $2.99792458 \times 10^{8}$ | $\mathrm{m\ s^{-1}}$ |
| 電子の質量 | $m_\mathrm{e}$ | $9.109534 \times 10^{-31}$ | kg |
| 陽子の質量 | $m_\mathrm{p}$ | $1.6726485 \times 10^{-27}$ | kg |
| 原子質量単位 | $1\mathrm{u} =$ | $1.6605655 \times 10^{-27}$ | kg |
| 素電荷 | $e$ | $1.6021892 \times 10^{-19}$ | C |
| プランク定数 | $h$ | $6.626176 \times 10^{-34}$ | J s |
| ボルツマン定数 | $k_\mathrm{B}$ | $1.380662 \times 10^{-23}$ | $\mathrm{J\ K^{-1}}$ |
| アボガドロ数 | $N_\mathrm{A}$ | $6.022045 \times 10^{23}$ | $\mathrm{mol^{-1}}$ |
| 気体定数 | $R$ | $8.31441$ | $\mathrm{J\ mol^{-1}\ K^{-1}}$ |

## 地上の重力加速度の大きさ

**表 1** 日本各地 (国土地理院ホームページより)

| 地点 | 緯度 | 標高 [m] | 重力加速度 [m/s$^2$] | 地点 | 緯度 | 標高 [m] | 重力加速度 [m/s$^2$] |
|---|---|---|---|---|---|---|---|
| 石垣島 | 24° 20′ | 6.672 | 9.7900606 | 那覇 | 26° 12′ | 21.091 | 9.7909592 |
| 鹿児島市 | 31° 30′ | 4.0893 | 9.7946177 | 熊本市 | 32° 41′ | 2.4891 | 9.7956024 |
| 福岡市 | 33° 31′ | 70.0 | 9.7961454 | 広島市 | 34° 22′ | 0.9775 | 9.7965866 |
| 名古屋市 | 35° 10′ | 12.3876 | 9.7973508 | 横浜市 | 35° 20′ | 8.9114 | 9.7976713 |
| 日光 | 36° 41′ | 857.4454 | 9.7970785 | 仙台市 | 38° 15′ | 127.7724 | 9.8006583 |
| 竜飛岬 | 41° 10′ | 2.0737 | 9.8032859 | 札幌 | 43° 00′ | 64.0625 | 9.8047172 |
| 網走 | 44° 00′ | 59.9994 | 9.8058057 | 宗谷岬 | 45° 30′ | 2.7536 | 9.8070017 |

**表 2** 世界各地（国際重力基準網 1971 より）

| 地点 | 緯度 | 標高 [m] | 重力加速度 [m/s$^2$] |
|---|---|---|---|
| 昭和基地 | 69° 00′ | 14.0 | 9.825256 |
| ヘルシンキ | 60° 10′ | 20.6 | 9.8190059 |
| パリ | 48° 50′ | 65.9 | 9.8092597 |
| ローマ | 41° 54′ | 45.0 | 9.8034923 |
| ブエノスアイレス | 34° 34′ | 9.4 | 9.7969003 |
| ホノルル | 22° 20′ | 24.3 | 9.7894490 |
| パナマ | 8° 58′ | 9.0 | 9.7822670 |
| シンガポール | 1° 78′ | 8.2 | 9.7806604 |

# 索　引

**執筆者略歴**　（あいうえお順）

乾　　雅祝（いぬい　まさのり）
1989年　京都大学 大学院理学研究科
博士課程修了
現　在　広島大学 大学院総合科学研究科 教授
理学博士

田口　　健（たぐち　けん）
2002年　京都大学 大学院理学研究科
博士課程修了
現　在　広島大学 大学院総合科学研究科
准教授
博士（理学）

田中晋平（たなか　しんぺい）
1999年　東京大学 大学院工学系研究科
博士課程修了
現　在　広島大学 大学院総合科学研究科
准教授
博士（工学）

畠中憲之（はたけなか　のりゆき）
1985年　北海道大学 大学院工学研究科
修士課程修了
現　在　広島大学 大学院総合科学研究科 教授
博士（工学）

東谷誠二（ひがしたに　せいじ）
1994年　広島大学 大学院生物圏科学研究科
博士課程修了
現　在　広島大学 大学院総合科学研究科 教授
博士（学術）

星野公三（ほしの　こうぞう）
1977年　東北大学 大学院理学研究科
博士課程修了
現　在　広島大学名誉教授
理学博士

**執筆協力者略歴**　（あいうえお順）

梶原行夫（かじはら　ゆきお）
2003年　京都大学 大学院理学研究科
博士課程修了
現　在　広島大学 大学院総合科学研究科 助教
博士（理学）

杉本　　暁（すぎもと　あきら）
2002年　東京工業大学 大学院理工学研究科
博士課程修了
現　在　広島大学 大学院総合科学研究科 助教
博士（理学）

長谷川　巧（はせがわ　たくみ）
2005年　東京工業大学 大学院理工学研究科
博士課程修了
現　在　広島大学 大学院総合科学研究科
准教授
博士（理学）



2014年 3月25日　初　版　発　行
2023年 2月20日　初版第7刷発行

基礎から学ぶ 力学

編著者　乾　　雅祝
　　　　畠中憲之
　　　　星野公三
発行者　山本　格

発行所　株式会社　培風館
東京都千代田区九段南4-3-12・郵便番号102-8260
電話(03)3262-5256(代表)・振替00140-7-44725

中央印刷・牧 製本

PRINTED IN JAPAN

ISBN978-4-563-02507-6　C3042